高等职业教育机电类专业精品规划教材

AutoCAD 2018 教程与实训

主　编　王　琦　李翠翠

副主编　白西平　刘　凤

主　审　杜洪香

U0218409

天津大学出版社

TIANJIN UNIVERSITY PRESS

内 容 提 要

AutoCAD 是当今普遍应用的绘图与设计软件之一。本书详细介绍了 Autodesk 公司推出的 AutoCAD 2018 的功能和使用方法,并结合国家标准《技术制图》和《机械制图》的相关规定,介绍了绘制符合国家标准的工程图样的常用方法和技巧。

本书共包含七个项目,分别为认知 AutoCAD、设置绘图环境、绘制平面图形、绘制三视图、绘制轴测图、绘制零件图和绘制装配图。每个项目又包含多个任务,每个任务都按照任务导入、任务目标、任务实施来学习知识点和提高熟练程度的思路设计,问题具体,目标明确。每个知识点都以图形案例为载体来介绍 AutoCAD 2018 绘制机械图的常用功能及使用方法,图形案例都选取具有针对性和代表性的工程实例,便于读者学习和记忆。

本书内容丰富,具有很强的实用性和可操作性,可以作为高等职业技术院校机电类专业计算机绘图课程的教材,国家制图员职业资格认证的实训教材和 AutoCAD 软件培训班的配套教材,也可以作为工程技术人员和使用 AutoCAD 软件的技术人员的参考书。

图书在版编目（CIP）数据

AutoCAD 2018教程与实训/王琦,李翠翠主编. —天津:天津大学出版社,2019.12（2022.1重印）
高等职业教育机电类专业精品规划教材
ISBN 978-7-5618-6459-3

Ⅰ.①A… Ⅱ.①王… ② 李… Ⅲ.①AutoCAD软件—高等职业教育—教材 Ⅳ.①TP391.72

中国版本图书馆CIP数据核字（2019）第154353号

AutoCAD 2018 JIAOCHENG YU SHIXUN

出版发行 天津大学出版社
地　　址 天津市卫津路92号天津大学内（邮编：300072）
电　　话 发行部：022 - 27403647
网　　址 www.tjupress.com.cn
印　　刷 天津泰宇印务有限公司
经　　销 全国各地新华书店
开　　本 185 mm × 260 mm
印　　张 15.75
字　　数 393千
版　　次 2019年12月第1版
印　　次 2022年1月第2次
定　　价 38元

凡购本书,如有缺页、倒页、脱页等质量问题,请与我社发行部门联系调换

前　言

　　本书是在课程团队成员编写的机械类各专业用讲义的基础上,依据《制图员国家职业标准》,按照制图员职业资格认证对计算机绘图技能的要求,结合职业教育的特点,按40～60学时编写的。本书具有以下主要特点。

　　(1)框架结构设计新颖。本书共设计了七个项目,按照由简到繁、由浅到深、由局部到整体的思路设计框架,克服了软件课程以介绍命令和功能为主线,图形绘制没有针对性,不便记忆的弊端。同时,项目中的每个任务都通过完成一个典型图形的绘制来介绍相关知识点,融学、用、练和巩固于一体,增强了知识点的针对性,便于记忆和灵活运用。附录中摘录了两套完整的中、高级制图员《计算机绘图》考题,便于读者了解制图员考试的题型、难易程度。

　　(2)专业针对性强。本书是针对机械设计人员编写的,内容紧密结合机械类专业的教学和生产实际,通过精心挑选的工程应用实例,将机械制图的技术要求与绘图知识融入AutoCAD的操作技巧中。

　　(3)将国家标准《技术制图》和《机械制图》融入了教程。在介绍二维图形的绘制与标注过程时引入了相关国家标准的规定,并以图形案例为载体介绍了绘制符合我国国家标准的工程图样的方法和技巧,以使读者在学习计算机绘图技能的同时,掌握国家标准对计算机工程图样的绘制要求。

　　(4)内容系统、翔实。介绍命令时,都是按照命令的功用、命令的激活方法、命令的操作过程以及执行过程中出现的各选项的功能为主线,同时配有插图给予说明,讲解系统、清晰。

　　(5)图形案例具有代表性和针对性。每个图形案例,都针对任务的完成介绍相关的知识点。

　　(6)每个项目后面均配有思考与练习,以使读者更好地掌握该项目介绍的基本概念和绘图技能。

　　本书由潍坊职业学院的王琦和李翠翠任主编,青岛职业技术学院的白西平和潍坊职业学院的刘凤任副主编,参加编写的人员有潍坊职业学院的赵焕翠、郭大路、牛文欢、张永军,山东交通职业学院的包君和福田多功能汽车股份有限公司的潘晓东。全书由王琦统稿,杜洪香主审。

　　由于编者水平有限,书中难免存在不妥之处,恳请读者批评指正,并提出宝贵意见。编者的电子邮箱为:wfwq24@126.com。

编　者

目　　录

项目 1 认知 AutoCAD

任务 1 AutoCAD 简介

 任务引入

AutoCAD 绘图软件因绘图功能丰富,编辑功能强大,用户界面友好,受到了广大工程技术人员的欢迎。目前,该软件已成为国际上广为流行、使用广泛的计算机绘图软件之一。该软件的发展历程是怎样的? 它具有哪些功能特点? 该怎样启动它? 其工作界面由什么组成?

 任务目标

(1)了解 AutoCAD 的发展历程。
(2)了解 AutoCAD 的功能特点。
(3)掌握 AutoCAD 的启动方法。
(4)熟悉 AutoCAD 的工作界面。

 任务实施

1.1 AutoCAD 的发展历程

AutoCAD 是由美国 Autodesk 公司于 20 世纪 80 年代初为在微机上应用 CAD 技术而开发的绘图程序软件包,常用于机械、建筑、电子、航空、航天、造船、石油、化工、冶金、地质、纺织等领域。用户使用 AutoCAD,通过人机交互模式就能完成工程图样的精确绘制。AutoCAD 是一款通用绘图软件,现已成为国际上广为流行的绘图工具。

Autodesk 公司自 1982 年推出基于 MS-DOS 操作系统的第一个版本以来,就一直不断推出新的版本,以完善和改进软件功能,优化工作界面。同时,操作系统也升级为 Windows 操作系统。基于 Windows 操作系统的 AutoCAD 版本有 R14、AutoCAD 2000、AutoCAD 2004、AutoCAD 2008、AutoCAD 2010、AutoCAD 2016 等,目前已推出 2018 版。

近几年,Autodesk 公司每年都推出一个新版本,很多功能的改进都更加顺应用户的操作习惯和绘图标准的要求。如 AutoCAD 2000 提供了对象捕捉追踪功能,无须绘制投影联系线,就能方便地实现关联视图之间对齐。使用 AutoCAD 2006 提供的动态输入功能,无须过多地关注命令窗口中的命令提示,并且使用动态输入功能中的标注输入方式,还可以简化绘图和图形的编辑。AutoCAD 2010 整合了制图的可视化功能,加快了任务的执行,能够满足不同用户的需求和偏好,能够更快地执行常见的 CAD 任务,更容易找到那些不常见的命令。AutoCAD 2018 能自由地导航工程图,供屏幕外对象选择;可以轻松地修复外部参照文件的中断路径;增加了线型间隙选择增强功能;还能将文字和多行文字对象合并为一个多行文字对象。

先前版本的功能改进都包含在 AutoCAD 2018 中,在 AutoCAD 2018 中许多重要的功能都实现了自动化,能够提高工作效率,使二维工程数据更顺利地迁移到三维设计环境,广泛应用于机械、建筑和电子等工程设计领域。

1.2　AutoCAD 的功能特点

(1)具有完善的图形绘制功能。AutoCAD 提供了丰富的绘图工具,用这些工具可以直接绘制直线、多段线、圆、矩形、多边形、椭圆等基本图形;可以将一些平面图形转化为三维图形;可以绘制三维曲面、三维网络、旋转曲面等图形及圆柱体、球体、长方体等基本实体。借助有关修改功能,还可以绘制出复杂的二维、三维图形。

(2)具有强大的图形编辑功能。AutoCAD 提供了丰富的图形编辑工具,用这些工具可以直接对所绘制的图形元素进行延伸、修剪、复制、镜像、移动、删除等操作,实现对图形的编辑和修改。

(3)具有方便的尺寸和文字标注功能。AutoCAD 提供了完善的尺寸标注功能,标注时不仅能够自动测量图形的尺寸,而且可以方便、快捷地创建符合制图国家标准和行业标准的标注。标注能实现多种中文字体的书写,还能实现表格的绘制。

(4)通过辅助绘制工具可以实现精确绘图。AutoCAD 提供了丰富的辅助绘图工具,通过对象捕捉、对象追踪、栅格显示等功能使绘图过程更加方便和快捷。

(5)具有一定的三维绘图功能。AutoCAD 的主要优势是强大的二维绘图功能,同时还具有一定的三维绘图功能,其布尔运算等二维编辑功能使得三维复杂实体的生成简单、易用。此外,还可以运用雾化、光源和材质将模型渲染为具有真实感的图像。

(6)具有打印和输出图形功能。图形绘制好后,可以打印到图纸上,也可以传送到其他应用程序或软件中处理。图形打印输出设置的一个有效工具是布局,利用布局功能,用户可以很方便地配置多种打印输出样式。

1.3　AutoCAD 的启动与退出

1.3.1　AutoCAD 的启动

Auto CAD 常用的启动方法有三种,图 1-1 中列出了其中两种。

(1)在桌面上双击 AutoCAD 2018 的图标 ,即可进入 AutoCAD 2018 绘图界面。

(2)选择菜单"开始"→"程序"→"Autodesk"→"AutoCAD 2018",即可进入 AutoCAD 2018 绘图界面。

(3)双击已经存盘的任意一个 AutoCAD 2018 图形文件(*.dwg 文件)。

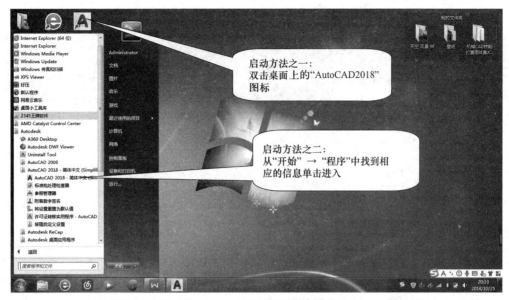

图 1-1　AutoCAD 2018 的启动

1.3.2　AutoCAD 的退出

AutoCAD 常用的退出方法有以下三种：

（1）单击标题栏右上角的关闭按钮 ▣；

（2）在命令行中输入 Quit 或 Exit 命令；

（3）先单击标题栏左上角的控制图标 ▲,然后在下拉菜单中单击"退出 AutoCAD"按钮。

1.4　AutoCAD 的工作界面

AutoCAD 2018 强化了三维绘图功能,提供了"草图与注释""三维基础""三维建模"和"AutoCAD 经典"四种工作空间模式。对于这四种工作模式,用户可以通过单击屏幕右下角的图标 ▦▾ 中的箭头进行切换。初学者可以在"草图与注释"模式下画图。因此,下面先介绍"草图与注释"的工作界面、菜单栏及下拉工具栏的功能和作用。

在初始设置的工作空间中,AutoCAD 的工作界面由标题栏、菜单栏、下拉工具栏、绘图区、命令窗口、状态栏等部分组成,如图 1-2 所示。

1.4.1　标题栏

标题栏位于工作界面的最上方,用来显示 AutoCAD 2018 的程序图标、文件管理工具栏以及当前正在运行的文件的名称。如果是新建的文件,AutoCAD 将自动用 Drawing X.dwg 命名,其中 X 为阿拉伯数字,表示新建的第 X 个文件。单击标题栏右侧的图标 ▬□✕,可分别实现窗口的最小化、还原(最大化)以及关闭 AutoCAD 等操作。单击标题栏最左边的 AutoCAD 控制图标 ▲,会弹出一个下拉菜单,通过该下拉菜单可执行 AutoCAD 的大部分命令。

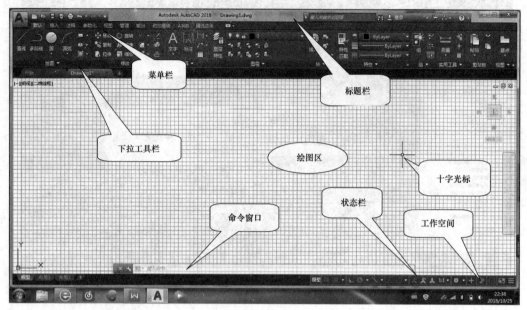

图 1-2　AutoCAD 2018 的"草图与注释"工作界面

1.4.2　菜单栏和下拉工具栏

菜单栏位于标题栏的下方,由"默认""插入""注释""参数化""三维工具""可视化""视图""管理""输出""附加模块""A360""精选应用"共 12 个菜单项组成(图 1-3),这些菜单项包括了 AutoCAD 2018 的几乎全部功能和命令。

单击菜单项,则弹出相应的下拉工具栏。图 1-3 所示为"默认"菜单项的下拉工具栏,包括"绘图""修改""注释""图层""块""特性""组""实用工具""剪贴板"和"视图"10 项。下拉工具栏中的每一个图标都对应一个操作命令,只要将鼠标放置在某个图标上,马上会自动提示图标所代表的命令及其功能。图 1-3 所示就是将鼠标放置在图标("多段线"命令)上的命令和功能提示。

1.4.3　绘图区

绘图区是 AutoCAD 显示、编辑图形的区域,用户可以根据需要打开或关闭某些窗口,以合理地安排绘图区域。

绘图区中的光标为十字光标,用于绘制图形及选择图形对象,十字线的交点为光标的当前位置,十字线与当前用户坐标系的 X 轴、Y 轴平行。

绘图区左下角有一个坐标系图标,它反映了当前所使用的坐标系的形式和方向。

1.4.4　命令窗口

命令窗口是用户输入命令和显示命令提示信息的区域,一般保留最后 3 次执行的命令及相关的提示信息。当需要查看输入和执行命令的过程中的相关文字信息时,用户可以用鼠标拖动绘图区的下边缘来改变命令窗口的大小,也可以单击菜单项"视图"的下拉工具栏中"状态栏"的"文本窗口"项或按功能键 F2 实现绘图区和文本窗口的切换。

1.4.5　状态栏

状态栏位于屏幕的底部,左侧显示当前光标定位点的 X、Y、Z 坐标值,右侧依次为

"坐标""模型空间""栅格""捕捉模式""推断约束""动态输入""正交模式""极轴追踪""等轴测草图""对象捕捉追踪""二维对象捕捉""线宽""透明度""选择循环""三维对象捕捉""动态 USB""选择过滤""小控件""注释可见性""自动缩放""注释比例""切换工作空间""注释监视器""单位""快捷特性"25 个辅助绘图工具按钮,单击任一按钮即可进行操作。

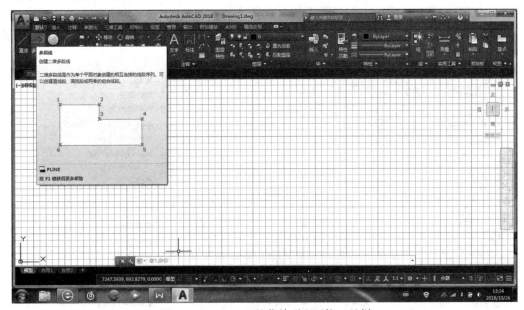

图 1-3   AutoCAD 的菜单项和下拉工具栏

1.4.6　"AutoCAD 经典"工作空间

在"AutoCAD 经典"工作空间中,绘图区、命令窗口、状态栏等同上,仅菜单栏有所不同。下面介绍下拉菜单和工具栏所包含的选项以及绘图中经常用到的菜单项的功能和作用。

1. 下拉菜单

（1）"文件"菜单。"文件"菜单(图 1-4)是进行文件管理的菜单组,包括文件的打开、关闭及保存等功能。

- 新建(N):新建图形文件。
- 新建图纸集(W):创建图纸集。
- 打开(O):打开已有的图形文件。
- 打开图纸集(E):打开已有的图纸集。
- 关闭(C):关闭当前文件。
- 保存(S):保存文件。
- 另存为(A):保存未命名的文件或将已有的文件用新的文件名保存。

（2）"编辑"菜单。"编辑"菜单(图 1-5)用于对图形进行编辑及对图形实体进行操作和处理。

- 放弃(U):撤销最近的多步操作。
- 重做(R):恢复放弃的操作。

- 剪切(T):将选定的实体复制到剪切板上,同时将原实体从图形实体中删除。
- 复制(C):将选定的实体复制到剪切板上。
- 带基点复制(B):将选中的对象及一个基点复制到剪切板上。
- 粘贴(P):将复制到剪切板上的内容插入当前的图形文件中。
- 删除(E):从图形文件中删除实体。
- 全部选择(L):选择当前视图中的所有实体。

(3)"视图"菜单。"视图"菜单(图1-6)用于更改视图状态,常用的有缩放、移动、刷新等功能。

图1-4 "文件"菜单   图1-5 "编辑"菜单   图1-6 "视图"菜单

- 重画(R):刷新所有视角的显示。
- 重生成(G):重新生成图形,刷新当前视角的显示。
- 全部重生成(A):重新生成图形,刷新所有视角的显示。
- 缩放(Z):弹出缩放子菜单,可以对图形进行适当方式的缩放。
- 平移(P):弹出平移子菜单,可以对图形进行适当距离的平移。
- 工具栏(O):弹出"工具栏"子菜单,可显示、隐藏用户自定义的工具条。

(4)"插入"菜单。"插入"菜单(图1-7)主要用于引入其他文件。

- 块(B):插入块或图形。

(5)"格式"菜单。"格式"菜单(图1-8)主要用于 AutoCAD 工作图的各种宏观设置及定制一些系统变量。

- 图层(L):管理图层的特性。
- 图层状态管理器(A):保存、恢复和管理图层的状态。
- 图层工具(O):弹出"图层工具"子菜单,对图层进行管理。

- 颜色(C):设置当前图形的颜色。
- 线型(N):创建、加载和指定当前图形的线型。
- 线宽(W):设置当前图形的宽度。
- 文字样式(S):设置文字样式。
- 标注样式(D):设置标注样式。
- 表格样式(B):创建、修改和指定表格样式。
- 多重引线样式(I):创建和修改多重引线样式。
- 点样式(P):设置点的显示模式和大小。
- 多线样式(M):定义多条平行线的样式。
- 单位(U):控制坐标和角度的显示格式和精度。
- 图形界限(I):设置图形的边界。
- 重命名(R):改变已命名图形文件的名称。

（6）"工具"菜单。"工具"菜单（图 1-9）为用户提供多种辅助工具。

图 1-7　"插入"菜单

图 1-8　"格式"菜单

图 1-9　"工具"菜单

- 工作空间(O):弹出"工作空间"子菜单,可创建、修改、保存和设置工作空间。
- 选项板:弹出"选项板"子菜单,可打开或关闭工作界面中常用的窗口、栏目。
- 工具栏:弹出"工具栏"子菜单,可显示或隐藏 AutoCAD 中常用的工具条,如绘图、修改、标注等工具条。

- 命令行：可打开或关闭命令窗口。
- 查询(Q)：弹出"查询"子菜单，用来查询距离、面积等信息。
- 块编辑器(B)：可创建和编辑图块。
- 绘图设置(F)：设置对象捕捉模式、栅格及极轴追踪等。
- 自定义(C)：用户自定义菜单、工具栏和键盘等。
- 选项(N)：更改系统设置。

（7）"绘图"菜单。"绘图"菜单（图1-10）提供了各种实体的绘图工具，包括各种绘图命令。

- 直线(L)：绘制直线。
- 射线(R)：绘制射线。
- 构造线(T)：绘制无穷长的直线。
- 多线(U)：绘制多条平行的直线。
- 多段线(P)：绘制多段线。
- 多边形(Y)：绘制正多边形。
- 矩形(G)：绘制矩形。
- 圆弧(A)：弹出"绘制圆弧"子菜单，可以选择不同的方式绘制圆弧。
- 圆(C)：弹出"绘制圆"子菜单，可以选择不同的方式绘制圆。
- 圆环(D)：绘制圆环或实心圆。
- 样条曲线(S)：绘制样条曲线（用于绘制波浪线）。
- 椭圆(E)：弹出"绘制椭圆"子菜单，可以选择不同的方式绘制椭圆。
- 块(K)：弹出"块"子菜单，可以创建块或定义带属性的块。
- 表格：打开"插入表格"对话框，可绘制各种类型的表格。
- 点(O)：弹出"绘制点"子菜单，可以绘制不同类型的点。
- 图案填充(H)：打开"图案填充"对话框（用于绘制剖面线）。
- 文字(X)：用于以单行或多行的方式输入文本。

（8）"标注"菜单。"标注"菜单（图1-11）提供了实体的标注工具，包括各种标注命令和标注样式的创建。

- 快速标注(Q)：快速创建标注。
- 线性(L)：标注线段或两点之间的水平或竖直距离的尺寸线。
- 对齐(G)：标注与线段或两点之间的连线平行的尺寸线。
- 弧长(H)：标注圆弧或多段线上圆弧的距离。
- 坐标(O)：标注坐标参数。
- 半径(R)：标注圆弧或圆的半径尺寸。
- 折弯(J)：标注大圆或大圆弧的半径尺寸。
- 直径(D)：标注圆弧或圆的直径尺寸。
- 角度(A)：标注角度。
- 基线(B)：从前一个或选中的基线继续直线、圆弧和纵坐标的标注。
- 连续(C)：从前一个或选中的第二延伸线继续直线、圆弧和纵坐标的标注。
- 标注间距(P)：调整图形中现有的平行线性标注和角度标注的间距。

- 标注打断(K):使标注、尺寸延伸线或引线不显示。
- 多重引线(E):绘制为某一特征注解的指引线。
- 公差(T):调整"标注公差"对话框,用于标注形位公差。
- 圆心标记(M):为圆或圆弧创建圆心标记和中心线。
- 标注样式(S):创建和修改标注样式。

(9)"修改"菜单。"修改"菜单(图1-12)提供了 AutoCAD 的大部分绘图编辑命令。

图1-10 "绘图"菜单

图1-11 "标注"菜单

图1-12 "修改"菜单

- 特性(P):修改图形的属性。
- 特性匹配(M):将一个实体的属性复制到另一个或另几个对象中。
- 对象(O):弹出"对象"子菜单,用于修改或编辑图形中的几个特定对象。
- 删除(E):删除选中的图形实体。
- 复制(Y):复制选中的图形实体到指定位置。
- 镜像(I):将选定的实体对象以某一对称线为轴线镜像复制。
- 偏移(S):创建平行线、同心圆和平行曲线。
- 阵列:将选定的实体按一定的排列形式(矩形或环形)多重复制。
- 移动(V):将选定的实体移动到指定位置。
- 旋转(R):将选定的实体绕给定点转动指定的角度。

- 缩放(L):将选定的实体按一定比例放大或缩小。
- 拉伸(H):拉伸、压缩或移动图形中的实体。
- 拉长(G):改变直线、圆弧、椭圆弧的长度。
- 修剪(T):用选定的剪切边修剪实体。
- 延伸(D):将选定的实体延伸到指定的实体边线。
- 打断(K):将选定的实体删除部分,或将其分成两段。
- 倒角(C):将选定的两条相交直线从交点处裁掉指定的长度,以斜线连接。
- 圆角(F):将选定的两条相交直线从交点处裁掉指定的长度,以圆弧相连。
- 分解(X):将一个组合实体分解成其原本的组成部分。

（10）"参数"菜单。"参数"菜单主要用于设置绘制三维图形时的相关参数,在此不作相关介绍。

（11）"窗口"菜单。"窗口"菜单(图 1-13)是多文档应用程序对已经打开的文档进行管理的工具。

- 关闭(O):关闭当前激活的图形文件。
- 全部关闭(L):关闭所有打开的图形文件。
- 锁定位置(K):弹出"锁定位置"子菜单,可以锁定已经打开的窗口或工具栏的位置。
- 层叠(C):将所有打开的图形文件层叠排列。
- 水平平铺(H):将所有打开的图形文件等高度水平排列。
- 垂直平铺(T):将所有打开的图形文件等宽度竖直排列。
- 排列图标(A):按照图标排列图形文件。

（12）"帮助"菜单。"帮助"菜单(图 1-14)为用户提供相关信息、帮助文件和上网资源。

图 1-13　"窗口"菜单

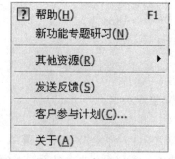

图 1-14　"帮助"菜单

在使用 AutoCAD 2018 菜单中的命令时,应注意以下几点:
①菜单项后跟有符号 ▸ ,表示该菜单下还有子菜单;
②菜单项后跟有快捷键,表示按下快捷键即可执行该命令;
③菜单项后跟有组合键,表示直接按组合键即可执行该命令;
④菜单项后跟有符号"…",表示选择该命令即可打开一个对话框;
⑤命令呈灰色,表示该命令在当前状态下不可使用。

2. 工具栏

工具栏是 AutoCAD 2018 提供的一种调用命令的方式,工具栏中的每一个工具都对应菜单中的某一个选项。工具栏由多个用图标表示的命令按钮组成,单击这些图标按钮,就可以调用相应的 AutoCAD 2018 命令。AutoCAD 将在实际操作过程中使用频率较高的同类命令归放在一起,组成某一工具栏,使操作更加简便、快捷。下面介绍绘图中使用较多的几个工具栏。

(1)标准工具栏。标准工具栏中按钮的名称和用途与菜单命令相同,如图 1-15 所示。

图 1-15　标准工具栏

(2)样式工具栏。工作空间工具栏中的样式工具栏中的工具用于文字样式、标注样式、表格样式以及多重引线样式的管理,如图 1-16 所示。

图 1-16　样式工具栏

(3)工作空间工具栏。工作空间工具栏中的工具用于创建、修改、保存及设置工作空间,如图 1-17 所示。

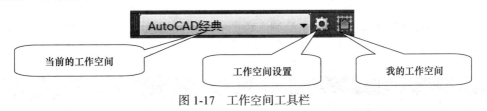

图 1-17　工作空间工具栏

(4)图层工具栏。图层工具栏中的工具用于管理图层的特性,如图 1-18 所示。

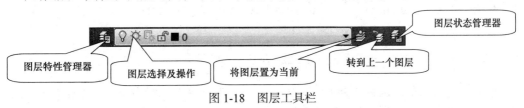

图 1-18　图层工具栏

(5)对象特性工具栏。对象特性工具栏中的工具用于设置图线的颜色、线型及线宽,如图 1-19 所示。

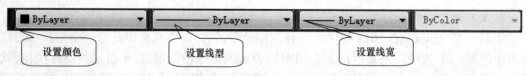

图 1-19　对象特性工具栏

（6）绘图工具栏。绘图工具栏是 AutoCAD 最常用的工具栏之一，其中的工具用于绘制图形，如图 1-20 所示。

图 1-20　绘图工具栏

（7）修改工具栏。修改工具栏也是 AutoCAD 最常用的工具栏之一，其中的工具用于对所绘实体进行修改操作，如图 1-21 所示。

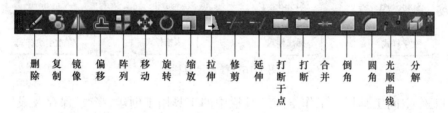

图 1-21　修改工具栏

（8）标注工具栏。标注工具栏是绘制工程图必须用到的工具栏，用于工程图样的标注，如图 1-22 所示。

图 1-22　标注工具栏

如果要显示当前隐藏的工具栏，可在任意工具栏上单击鼠标右键，此时系统将弹出一个快捷菜单，如图 1-23 所示。选择相应的命令即可显示对应的工具栏。

图 1-23　工具栏右键快捷菜单

要隐藏工具栏,在要隐藏的工具栏处单击即可,其前面的符号"√"消失。

 任务拓展

(1)通过网络进一步了解 AutoCAD 的发展历程和功能特点。

(2)结合相关知识点的叙述,练习 AutoCAD 的打开、退出和命令的输入方法,做到熟练操作。

(3)熟悉 AutoCAD 工作界面的组成,初步了解各组成部分的功用。

任务 2　AutoCAD 的基本操作

任务引入

AutoCAD 具有友好的工作界面和直观的操作方法,通过交互菜单、工具栏或命令窗口便可以进行各种操作。具体该怎样操作呢?

任务目标

(1)了解 AutoCAD 的命令输入设备。
(2)熟练掌握 AutoCAD 的命令激活方法。

任务实施

AutoCAD 的所有人机交互操作都可以通过用键盘、鼠标或数字化仪输入命令而完成。利用键盘,是直接输入命令的名称或通过功能键实现各种功能。利用鼠标,是直接单击菜单项或工具栏图标完成命令的输入或功能的实现。数字化仪也是一种电脑输入设备,它能将各种图形根据坐标值准确地输入电脑,并通过屏幕显示出来。它类似一块超大面积的手写板,用户可以用专门的电磁感应压感笔或光笔在上面写字或者画图形,然后传输给计算机系统。

2.1　命令激活方法

在 AutoCAD 中,命令可以用多种方法激活,常用的激活方法有通过命令行、下拉菜单或工具栏输入命令。

2.1.1　通过命令行输入命令

AutoCAD 的命令名是一些英文单词或其简写。AutoCAD 给每个命令都规定了别名,用键盘在命令窗口中输入命令名或其别名,然后按 Enter 键或 Space 键,即可执行该命令。如果用户具有较好的英语基础,应用这种方法可以方便快捷地调用各种命令,提高工作效率。

2.1.2　通过下拉菜单输入命令

AutoCAD 经典工作空间有下拉菜单,用鼠标单击下拉菜单,然后单击下拉菜单的选项,即可执行某命令。同时,命令窗口中会显示该命令名,用户根据命令窗口中的提示执行该命令即可。

2.1.3　通过工具栏输入命令

AutoCAD 2018 与其他版本相比,初始设置工作空间工作界面的最大特点就是下拉工具栏取代了下拉菜单。工具栏中的每一个按钮都代表 AutoCAD 的一个命令。只要用鼠标单击菜单栏中的菜单项,就会出现对应命令的工具按钮,用左键单击某个按钮,就可以调用相应的命令。同时,命令窗口中会显示该命令名,用户根据命令窗口中的提示执行该命令即可。另外,将光标在某一按钮图标上停留片刻,就会自动显示该图标的名称、功能和图例。

2.2   重复、中断、撤销、恢复、图形显示控制、透明命令

在 AutoCAD 命令的操作过程中,重复、中断、撤销、恢复、图形显示控制、透明等常用的命令调用频率非常高,为方便操作,介绍如下。

2.2.1   重复命令

当需要连续重复执行同一个命令时,可以按 Enter 键或 Space 键,也可以在绘图区域中单击鼠标右键,在弹出的快捷菜单中选择"重复"命令。

2.2.2   中断命令

在执行命令的过程中,当由于输入的命令不正确或者操作不当需要中断该命令时,可以按 Esc 键中断该命令,使命令窗口回到输入该命令前的"命令:"状态。

初学者经常会遇到命令没法输入的情况,原因是上一个命令还在执行过程中,尚未退出。这时应先按 Esc 键终止该命令,使命令窗口回到"命令:"状态,然后输入新的命令。如果通过下拉工具栏调用另一个命令, AutoCAD 将自动终止当前正在执行的命令。

2.2.3   撤销命令

在执行命令的过程中,如果发现上一步操作有误,可采取如下方式撤销。

(1)在命令窗口中输入 UNDO(或 U),然后按 Enter 键。

(2)单击标准工具栏中的放弃按钮🔙。单击放弃按钮右侧的黑色三角符号,将弹出近期的操作,然后可以选择要放弃的命令。

(3)在绘图区内直接单击鼠标右键。有些命令在鼠标右键菜单中提供了"放弃"选项,可直接选择"放弃"选项进行撤销。

2.2.4   恢复命令

恢复已撤销的命令,可采取如下方式。

(1)在命令窗口中输入 MREDO,然后按 Enter 键。

(2)单击"标准"工具栏中的恢复按钮➡️。单击恢复按钮右侧的黑色三角符号,将弹出近期的操作,然后可以选择要恢复的命令。

2.2.5   图形显示控制命令

AutoCAD 为用户提供了方便快捷的图形显示控制功能,通过"缩放""实时平移"等命令,可以改变图形在屏幕上显示的大小和位置,以便观察和绘制图形,但并不会改变图形的实际尺寸。

1. 缩放

改变图形的显示大小,但不改变图形的实际尺寸,只是为了方便用户更清楚地观察或修改图形。

1)命令激活方式

(1)工具栏:在标准工具栏中单击"缩放"图标 或使用"缩放"工具栏。

(2)下拉菜单:单击"视图"→"缩放"命令。

(3)命令窗口:ZOOM(或 Z)✓。

2）常用选项的意义

（1）实时缩放 。激活命令后，十字光标变为放大镜形状，按住鼠标左键向上拖动可放大图形，向下拖动可缩小图形，按 Enter 键、Esc 键、Space 键或鼠标右键退出。

（2）缩放回溯 。激活命令后，将恢复上一次缩放的视图大小，最多可以恢复此前的10 个视图。

（3）窗口缩放 。激活命令后，框选需要显示的图形，被框选图形将充满窗口。

（4）全部缩放 。激活命令后，将显示整个图形。如果图形对象未超出图形界限，则以图形界限显示；如果超出图形界限，则以当前范围显示。

2. 实时平移

移动整个图形，以便更好地观察，但不改变图形对象的实际位置。

1）命令激活方式

（1）工具栏：在标准工具栏中单击"实时平移"图标 。

（2）下拉菜单：单击"视图"→"平移"命令。

（3）命令窗口：PAN（或 P）↙。

2）操作步骤

激活命令后，光标变为手状，按住鼠标左键拖动，可使图形按光标移动的方向移动，按Enter 键、Esc 键、Space 键或鼠标右键退出。

2.2.6　透明命令

有些命令可以在执行绘制或编辑图形命令的过程中开启或关闭，而不影响原命令的执行，这些命令叫作透明命令。透明命令多为修改图形设置的命令和绘图辅助工具命令，如"平移""缩放""捕捉"和"正交"等命令。透明命令执行完后，将继续执行原命令。

2.2.7　命令执行中的提示说明

初学者应该注意观察命令窗口中的提示，按照命令窗口中的提示内容进行下一步操作。下面以圆的绘制为例，说明 AutoCAD 命令执行过程中提示内容的含义。

绘制圆的命令输入方法如下。

（1）命令窗口：CIRCLE（或 C）↙。

（2）工具栏：常用→绘图→ 。单击画圆按钮右侧的黑色三角符号，将弹出画圆的各种方法，可根据已知条件选择对应的画法。

此时，命令窗口提示：

这样即完成一个圆心坐标为（200，200）、半径为 50 的圆的绘制。

上述命令提示中各项的意义如下。

（1）紧接在"命令："后面未加括号的提示为正在执行的命令，如本例中的"CIRCLE 指定圆的圆心"。

（2）"［　］"中的内容为选项，当一个命令有多个选项时，各选项用"/"隔开。选择所需的选项，需要输入选项后面的括号内的字母，如选用两点画圆法，需要输入 2P。AutoCAD可以通过四种方式画圆：输入半径（直径）画圆，输入三点画圆，输入两点画圆，选中两个与圆相切的图形及圆的半径画圆。用户可以根据已知条件任意选择画圆的方式。

（3）"< >"中的内容为默认值。如果同意默认值,只需按 Enter 键或 Space 键即可;如果不同意默认值,直接通过键盘输入正确的数值,然后按 Enter 键或 Space 键即可。如绘制半径为 50 的圆,直接按 Enter 键或 Space 键;如绘制半径不是 50 的圆,则需要输入半径的数值。

 任务拓展

（1）通过用键盘输入命令和单击工具栏图标,根据不同的提示内容绘制多个圆,并在操作过程中尝试重复、中断、撤销、恢复和透明命令的使用。

（2）根据已知条件完成图 1-24 所示图形的绘制(不标注尺寸)。

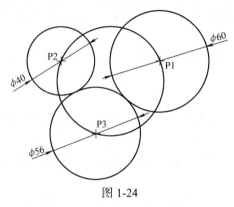

图 1-24

任务 3 数据的输入法

 任务引入

在绘制图形的过程中,总避免不了输入一些数据。当需要输入必要的点的坐标、数值和角度时,该如何操作呢?

 任务目标

（1）熟练掌握点的坐标的输入法。

（2）熟练掌握数值的输入法。

（3）熟练掌握角度的输入法。

任务实施

3.1 点的坐标的输入

AutoCAD 可以使用四种不同的坐标系,即直角坐标系、极坐标系、球面坐标系和柱面坐标系,其中最常用的是直角坐标系和极坐标系。输入点的坐标的方法主要有以下几种。

3.1.1 用键盘输入点的坐标

通过键盘直接输入坐标值,坐标的表示方法有绝对坐标和相对坐标,输入方法如下。

（1）绝对直角坐标,是某点相对于坐标原点的坐标。其输入格式为"x, y, z", x、y、z 为具体的直角坐标值。在键盘上按顺序直接输入数值,各数之间用","隔开,二维点可直接输入 x、y 的数值。

（2）相对直角坐标,是某点相对于已知点沿 X 轴和 Y 轴的位移量（Δx, Δy）。其输入格式为"@Δx, Δy"。@ 为相对坐标符号,表示以前一点为相对原点,输入当前点相对于前一点的直角坐标值。

（3）绝对极坐标。通过输入某点到坐标原点的距离及在 XOY 平面中该点和坐标原点的连线与 X 轴正方向的夹角来确定该点的位置,输入格式为"$L<\theta$", L 表示当前点到坐标原点的距离, θ 表示两点的连线与 X 轴正方向的夹角,该点绕原点逆时针转过的角度为正值。

（4）相对极坐标。通过定义某点与已知点之间的距离以及两点之间的连线与 X 轴正方向的夹角来确定该点的位置,输入格式为"@$L<\theta$"。@ 为相对坐标符号, L 表示当前点与前一点的连线的长度, θ 表示当前点绕前一点转过的角度,逆时针为正,顺时针为负。

3.1.2 用鼠标输入点

当需要输入一个点时,也可以直接用鼠标在屏幕上拾取。其过程是:把十字光标移到所需的位置,单击鼠标左键,即可拾取该点,该点的坐标值同时被输入。

3.2 数值的输入

在执行命令的过程中,有些命令提示要求输入数值,如长度、宽度、高度、行数和列数、行间距和列间距等。数值的输入方法有两种。

（1）用键盘直接输入需要的数值。

（2）用鼠标拾取一点。当已知某一基点时,用鼠标拾取另一点,系统会自动计算出基点到指定点的距离,并将这两点之间的距离作为输入的数值。

3.3 角度的输入

（1）用键盘直接输入需要的角度。X 轴正方向为 0 度,逆时针为正,顺时针为负。

（2）通过两点输入角度。通过第一点与第二点的连线的方向确定角度,角度大小与输入点的顺序有关,规定第一点为起点,第二点为终点。

3.4　数值输入案例

下面以直线的绘制为例,通过完成图1-25所示图形的绘制,说明命令执行过程中数值输入的方法和提示内容含义。

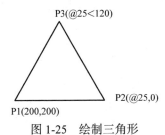

图 1-25　绘制三角形

绘制直线的命令输入方法如下。

(1)命令窗口:LINE(或 L) ✓。

(2)工具栏:常用→直线→

此时,命令窗口提示如下。

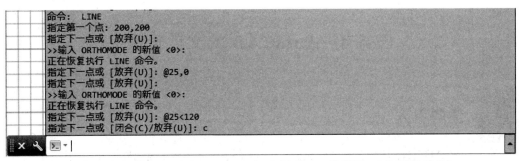

这样即完成一个起点坐标为(200,200)、边长为25的等边三角形的绘制。

上述命令提示中各项的意义如下。

(1)紧接在"命令:"后面未加括号的提示为正在执行的命令,如本例中的"LINE 指定第一个点:"。

(2)"200,200"是通过键盘输入的第一个点的绝对坐标值,在坐标系中,等边三角形的第一个顶点相对于原点的坐标为(200,200)。

(3)"指定下一点或 [放弃 U]:"表示要求用户输入下一点的坐标值或放弃上一步操作。

(4)"@25,0"和"@25<120"是通过键盘输入的第二个点的相对直角坐标值和第三个点的相对极坐标值。

(5)"指定下一点或 [闭合 (C)/ 放弃 U]:"表示要求用户输入下一点的坐标值、让图形封闭或放弃上一步操作。

(6)"C"是图形闭合命令,通过键盘输入"C"(AutoCAD 中命令输入时不区分大小写)并按 Enter 键后,所绘图形将首尾相接,形成封闭的图形。

任务拓展

根据图 1-26 所标注的尺寸和点的坐标绘制图形。

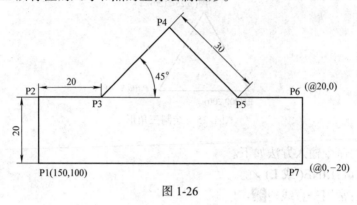

图 1-26

任务 4　AutoCAD 的文件管理

任务引入

在 AutoCAD 中,图形文件的新建、打开、保存、关闭是至关重要的,那么用户可以通过哪些途径完成管理文件的操作呢?

任务目标

(1)掌握新建文件的途径。
(2)掌握打开已有图形文件的方法。
(3)掌握保存图形文件的方法。
(4)掌握关闭图形文件的方法。

任务实施

4.1　新建文件

4.1.1　命令激活方式

(1)命令窗口:NEW ✓。
(2)单击标题栏最左侧的文件控制图标 ,然后在下拉菜单中选择"文件"→"新建"命令,并单击。

（3）单击标题栏中的"新建"图标。

4.1.2 操作步骤

采取上述任意一种方法激活命令,屏幕上都将弹出"选择样板"对话框,如图 1-27 所示。在"选择样板"对话框中,用户可以从样板列表框中选中某一个样板文件,这时在右侧的"预览"框中将显示出该样板的预览图像。单击"打开"按钮,可以根据选中的样板文件创建新图形。单击对话框右下角的"打开"按钮右侧的小三角符号,将弹出下拉菜单,如图 1-28 所示,各菜单的功能如下。

（1）"打开"（O）:新建一个由样板打开的绘图文件。

（2）"无样板打开 - 英制(I)":新建一个英制的无样板打开的绘图文件。

（3）"无样板打开 - 公制(M)":新建一个公制的无样板打开的绘图文件。

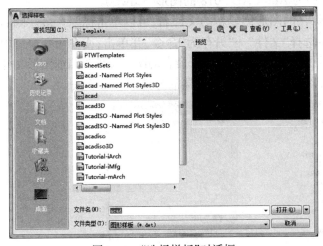

图 1-27 "选择样板"对话框

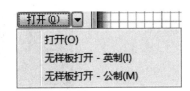

图 1-28 "打开"下拉菜单

4.2 打开已有的图形文件

4.2.1 命令激活方式

（1）命令窗口:OPEN。

（2）单击标题栏最左侧的文件控制图标,然后在下拉菜单中选择"文件"→"打开"命令,并单击。

（3）单击标题栏中的"打开"图标。

4.2.2 操作步骤

采取上述任意一种方法激活命令,屏幕上都将弹出"选择文件"对话框,如图 1-29 所示。选择需要打开的图形文件,在右侧的"预览"框中将显示出对应的图形,单击"打开"按钮即可。

图 1-29 "选择文件"对话框

4.3 保存图形文件

4.3.1 命令激活方式

（1）命令窗口：SAVE ✓。

（2）单击标题栏最左侧的文件控制图标，然后在下拉菜单中选择"文件"→"保存"命令，并单击。

（3）单击标题栏中的"保存"图标。

4.3.2 操作步骤

命令激活后，对于未保存过的图形文件，屏幕上将出现"图形另存为"对话框，如图 1-30 所示。在该对话框中，可以选择保存路径，并为文件命名。在默认情况下，文件以 DrawingX.dwg 命名并保存。也可以在下拉列表中选择其他格式。AutoCAD 2018 的图形文件的默认扩展名为 dwg，默认文件类型为 AutoCAD 2018 的图形（ *.dwg ）。

如果用户想为一个已经命名保存的图形创建新的文件名，可以单击标题栏最左侧的文件控制图标，然后在下拉菜单中选择"文件"→"另存为"命令，并单击；或在命令窗口中输入 SAVEAS。这样不影响原命名的图形文件，系统将以新命名的图形文件为当前图形文件。

绘制图形时应注意及时存盘，以免因意外断电或机器故障造成图形丢失。

图 1-30 "图形另存为"对话框

4.4 关闭图形文件

关闭图形文件的命令激活方式如下。

（1）命令窗口：CLOSE ✓。

（2）单击标题栏最左侧的文件控制图标，然后在下拉菜单中选择"文件"→"关闭"，并单击。

 任务拓展

（1）新建一个图形文件，根据前面讲解的绘制直线和圆的命令，自由绘制一个图形，然后保存到文件夹"我的文档"中，文件名为"文件管理练习.dwg"。

（2）打开已保存的文件"文件管理练习.dwg"，然后继续自由绘图，并再次保存。

（3）关闭图形文件，并退出 AutoCAD。

思考与练习

一、思考题

（1）AutoCAD 的基本功能有哪些？

（2）启动 AutoCAD 的常用方法有哪几种？

（3）AutoCAD 2018 的工作界面由哪几部分组成？各部分的主要功能分别是什么？

（4）AutoCAD 命令的输入方式有哪几种？

（5）数据的输入方法有哪几种？

（6）"保存"与"另存为"命令有何区别？

（7）什么命令用于取消绘图中的错误操作？

（8）终止命令时应单击哪个键？

二、练习题

（1）用两种方法启动 AutoCAD 2018，并观察工作界面的组成。

（2）分别通过下拉工具栏和键盘输入命令，按照命令窗口的提示，随意绘制由直线和不同大小的圆组成的图形，并进行保存、打开文件和退出软件的练习。

项目 2　设置绘图环境

如前所述,用户安装好 AutoCAD 后,就可以在其默认的绘图环境下绘制图形。但是,国家标准《机械制图》对图形单位、线型、线宽、图幅、文字样式、尺寸标注样式及字号等都有明确规定。另外,为了方便使用绘图仪或打印机打印图纸,需要在绘制图形前对系统参数、绘图环境等进行必要的设置。

任务 1　图形单位及图幅的设置

任务引入

在手工绘图时,图纸上的一个绘图单位可以表示 1 mm,也可以根据图纸幅面的情况,按比例表示 1 m。在 AutoCAD 2018 中新建的图形文件相当于一张无限大的空白绘图纸,用户可以根据需要设置图形单位。另外,由于绘制的图形大小各异,在绘图前用户需确定图幅的大小。那么,图形单位和图幅该如何设置呢?

任务目标

(1)掌握图形单位的设置方法。
(2)掌握图幅的设置方法。

任务实施

1.1　图形单位

在绘图前,一般要先设置图形单位。图形单位的设置主要包括设置绘图时所使用的长度单位、角度单位以及显示单位的精度和格式。

1.1.1　命令激活方式

(1)命令窗口:UNITS(或 UN)✓。
(2)下拉菜单:单击"格式"→"单位"命令。

1.1.2　操作步骤

用上述任何一种方式激活"单位"命令后,都将弹出如图 2-1 所示的"图形单位"对话框,可对该对话框中的相应内容进行设置。

1. 长度单位的设置

在"长度"选项组中,可以设置图形的长度单位类型和精度,各选项的功能如下。

（1）"类型"下拉列表框：用于设置长度单位的类型。可选的长度单位有"小数""分数""工程""建筑"和"科学"5 种。其中，工程和建筑格式用英尺或英寸显示，其余 3 种格式可用于任何一种单位，常用的为小数。

（2）"精度"下拉列表框：用于设置长度的显示精度，即小数点后的位数，最多可以精确到小数点后 8 位数，默认为小数点后 4 位数。

2. 角度格式的设置

在"角度"选项组中，可以设置图形的角度格式和精度，各选项的功能如下。

（1）"类型"下拉列表框：用于设置角度单位的类型。可选的角度单位有"十进制度数""百分度""弧度""勘测单位"和"度 / 分 / 秒"5 种。常用的为十进制度数。

（2）"精度"下拉列表框：用于设置角度的显示精度，默认值为 0。

（3）"顺时针"复选框：用来指定角度的正方向。选择"顺时针"复选框则以顺时针方向为正方向，不选中此复选框则以逆时针方向为正方向。默认情况下，不选中此复选框。

3. 插入比例

用于设置插入当前图形中的块和图形的测量单位。单击右边的下拉按钮，可以从下拉列表框中选择缩放图形的单位，如毫米、英寸、码、厘米、米等，常用的为毫米。

4. 方向控制

单击"方向"按钮 **方向(D)...**，弹出如图 2-2 所示的"方向控制"对话框，在对话框中可以设置基准角度（0° 角）的方向。在 AutoCAD 的默认设置中，0° 角方向是指向右（亦即正东）的方向，逆时针方向为角度增大的正方向。

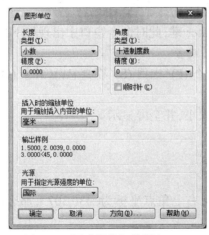

图 2-1　"图形单位"对话框

图 2-2　"方向控制"对话框

1.2　图幅

图幅指绘图区域的大小，在 AutoCAD 中被称为图形界限。图形界限就是绘图时在模型空间中设置的一个虚拟的矩形绘图区域，这个虚拟的矩形绘图区域由两个对角点的坐标确定，这两个点分别是绘图范围左下角和右上角的点。

1.2.1　命令激活方式

（1）命令窗口：LIMITS ↙。

（2）下拉菜单：单击"格式"→"图形界限"命令。

1.2.2　操作步骤

用上述任何一种方式激活"图形界限"命令后，命令窗口均提示如下。

命令：limits ✓

重新设置模型空间界限：

指定左下角点或 [开 (ON)/ 关 (OFF)] <0.0000,0.0000>:（输入左下角点的坐标）✓

指定右上角点 <420.0000,297.0000>:（输入右上角点的坐标）✓

执行结果：设置了一个以左下角点和右上角点为对角点的矩形绘图界限。默认设置是 A3 图幅的绘图界限。

设置了图形界限后，用户可以通过命令窗口中的" [开（ON）/ 关 (OFF)]"选项打开或关闭图形界限检查，系统默认为"关"。当输入"on"打开图形界限检查时，输入的点坐标被限定在设置的图形界限范围内，不能在图形界限之外绘制图形。如果所绘图形超出了图形界限，系统会在命令窗口中给出提示信息，从而保证绘图的正确性。

1.2.3　设置一个 A4（297×210）幅面的图纸并使其全屏显示

操作步骤如下。

（1）在下拉菜单中单击"格式"→"图形界限"命令或者在命令窗口中输入 LIMITS ✓，此时命令窗口中出现：

指定左下角点或 [开 (ON)/ 关 (OFF)] <0.0000,0.0000>: ✓

指定右上角点 <420.0000,297.0000>:297,210 ✓

（2）单击状态栏中的"栅格"按钮▦，开启栅格状态。

（3）在命令窗口中输入 ZOOM（或 Z）后按 Enter 键，此时命令窗口中出现如下提示。

指定窗口的角点，输入比例因子 (nX 或 nXP)，或者

[全部 (A)/ 中心 (C)/ 动态 (D)/ 范围 (E)/ 上一个 (P)/ 比例 (S)/ 窗口 (W)/ 对象 (O)] < 实时 >:A ✓

此时栅格显示的区域便是横放的 A4 图纸的大小，并全屏显示。

任务拓展

（1）如果一张图纸的左下角点坐标为（10,10），右上角点坐标为（430,307），那么该图纸的图幅尺寸是多少？

（2）创建一个新图，将其设置为标准 A4 图幅（210×297）竖放，并设置绘图环境：图形界限为（0,0）到（210,297）；图形单位为公制，类型为小数，精度为小数点后 1 位。完成后将图形保存为"A4 图幅"。

任务2 图层的设置

任务引入

在绘制机械图时,会出现粗实线、细实线和虚线等不同的线型,还会出现尺寸标注、文字说明和技术要求标注等许多要素,如果用图层来管理它们,不仅能使图形的各种信息清晰有序,而且能给图形的修改、输出等带来很大的方便。那么什么是图层? 图层的作用是什么? 如何设置图层呢?

任务目标

(1)理解图层的概念和作用。

(2)了解分层绘图原理,熟悉"图层特性管理器"及"选择颜色"等对话框中各选项的含义。

(3)掌握图层、颜色、线型及线宽的设置方法和应用。

任务实施

2.1 图层的概念

图层可以被想象为没有厚度的"透明纸",一张图纸可以看成由多层"透明纸"重叠而成,每张"透明纸"是一个图层。将一幅图样的不同内容绘制在不同的图层上,为保证层与层之间完全对齐,各图层应具有相同的坐标系和显示缩放系数。当一个图形的各层都打开,所有图层重叠在一起时,就组成了一张完整的图样。例如,绘制一张轴端盖零件图,可以将轴线绘制在一个图层上,端盖的轮廓线绘制在另一个图层上,尺寸标注在其他图层上,所有图层叠加组合在一起,就构成了完整的轴端盖零件图。

2.2 图层的作用

对一个图形实体,除了由几何信息确定它的位置和大小外,还要确定它的颜色、线型、线宽和状态。一张工程图样往往包含许多图形实体,而且有很多具有相同的颜色、线型、线宽和状态的实体,重复做这种描述工作不仅浪费时间,还要占据较大的存储空间。分层绘制图形,在确定每一个实体时,只要确定它的几何数据和所在的图层就可以了,从而节约了时间和存储空间。当图层被赋予了某种颜色、线型和线宽时,在该层上绘制出来的图形实体便具有同样的颜色、线型和线宽了。

在机械和建筑工程等图样中,图形中主要包括中心线、粗实线、虚线、剖面线、尺寸标注以及文字说明等要素。如果用图层来管理,不仅能使图形的各种信息清晰、有序、便于观察,而且会给图形的编辑、修改和输出带来很大的方便。

在 AutoCAD 中,图层的功能和用途要比"透明纸"强大得多,用户可以根据需要创建很多图层,将相关的图形信息放在同一层上,以管理图形对象。

2.3 图层的创建与设置

在默认情况下,AutoCAD 会自动创建一个名为"0"的图层,0 图层不可重命名,也不可被删除,一般作为辅助图层使用。用户在绘图时,可以根据需要创建新的图层,然后更改图层名,并进行必要的设置。

2.3.1 创建新图层

1. 命令激活方式

(1)命令窗口:LAYER(或 LA)✓。

(2)下拉菜单:单击"格式"→"图层"命令。

(3)工具栏:单击"图层特性管理器"图标🖳

2. 操作步骤

用上述任何一种方式激活"图层"命令后,都将打开"图层特性管理器"选项板,如图 2-3 所示。此时选项板中只有默认的"0"层,单击"新建图层"按钮🔲,列表框中即出现名称为"图层 1"的新图层,如图 2-4 所示。

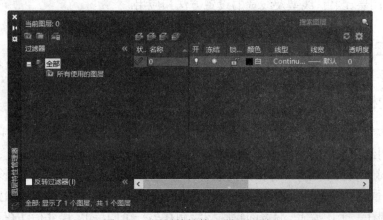

图 2-3 "图层特性管理器"选项板

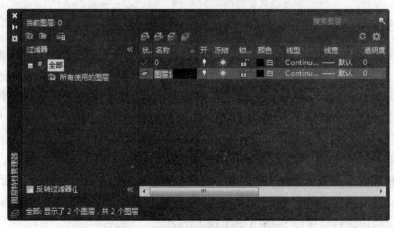

图 2-4 "图层特性管理器"选项板

2.3.2　对新建图层进行设置

此时新建的图层颜色为蓝色,处于被选中的状态,可以对该图层的各项属性进行设置,各项属性的设置说明如下。

1. 新建图层的命名

单击图层的名称("图层 1")可更改图层名。为方便绘图,用户可以将"图层 1"改为"粗实线层"或"点画线层"等。需要注意的是,如果输入的图层名是汉字,输入完毕后需要按 Enter 键或 Space 键确定。当然,用户也可以在文本框中输入其他新的图层名。

2. 新建图层颜色的设置

图层的颜色指该图层上的实体的颜色,不同的图层可以设置不同的颜色,也可以设置相同的颜色。在默认情况下,新建的图层颜色均为白色,用户可以根据需要更改图层的颜色。

在新建图层行中单击"颜色"按钮□白,弹出"选择颜色"对话框,如图 2-5 所示。在"选择颜色"对话框中,用户可根据需要选择相应的颜色。

3. 新建图层线型的设置

在绘制图形时,用户会用到粗实线、细实线、点画线和虚线等。在 AutoCAD 中,系统默认的线型是 Continuous,该线型是连续的,线宽采用默认值 0。在绘图过程中,如果用户需要使用其他线型,可根据需要加载和选择相应的线型。

在新建图层行中单击"线型"按钮 Contin...,弹出"选择线型"对话框,如图 2-6 所示。在默认状态下, "选择线型"对话框中只有 Continuous 一种线型。单击"加载"按钮 加载(L)...,弹出如图 2-7 所示的"加载或重载线型"对话框,用户可以从"可用线型"列表框中选择需要的线型,单击"确定"按钮返回"选择线型"对话框完成线型的加载,选择需要的线型,单击"确定"按钮回到"图层特性管理器"选项板,完成线型的设定。

图 2-5　"选择颜色"对话框

图 2-6　"选择线型"对话框

4. 新建图层线宽的设置

在默认情况下线宽为 0.25 mm,用户可以采用下述方法设置线宽。

在新建图层行中单击"线宽"按钮——默认,弹出"线宽"对话框,如图 2-8 所示。用户可以在"线宽"列表框中选择需要的线宽,单击"确定"按钮完成线宽的设置。

图 2-7　"加载或重载线型"对话框　　　　　图 2-8　"线宽"对话框

注意：在绘制图形时，只有单击状态栏中的"线宽"按钮 ▤，使"线宽"处于"显示"状态，新设置的线宽才能显示；否则，不显示线宽。

2.3.3　管理图层

在默认状态下，用户设置的每个图层都具有相同的特性。用户在绘制或编辑图形时，可以根据需要对各个图层的各种特性进行修改。图层的特性包括图层的开关、冻结、锁定和打印样式等。

1. 置为当前图层

在创建的许多图层中，总有一个为当前图层。图 2-9 所示是"图层"工具栏和"特性"工具栏，此时图层"0"被设为当前层。如果在"特性"工具栏中将颜色控制、线型控制、线宽控制都设置成"ByLayer"（随层），那么所绘制的图形的颜色、线型、线宽都符合该图层的特性。

图 2-9　"图层"工具栏和"特性"工具栏

要将某个图层切换为当前图层，可采用如下三种方法之一进行。

（1）在"图层"工具栏中单击按钮 ▤ 切换对象所在图层为当前图层。

（2）在"特性"工具栏中利用图层控制下拉列表切换图层。

（3）在"图层特性管理器"选项板的图层列表中选择某个图层，然后单击"置为当前"按钮 ✔ 切换为当前图层。

注意：当前图层不能被冻结，被冻结的图层不能作为当前图层；编辑已存在的图形不受当前图层的限制。

2. 打开或关闭图层

在对话框中以灯泡的颜色表示图层的开关。在默认情况下，图层都是打开的，灯泡显示为黄色 💡，表示图层可以使用和输出；单击灯泡可以切换图层的开关，此时灯泡变成灰色 💡，表明图层关闭，不可以使用和输出。

3. 冻结或解冻图层

打开图层时，系统默认以解冻的状态显示，以太阳图标 ☀ 表示，此时图层上的图形可以显示、打印输出，可以在该图层上对图形进行编辑。单击太阳图标可以冻结图层，此时以雪花图标 ❆ 表示，该图层上的图形不能显示、打印输出，不能编辑该图层上的图形。当前图层不能冻结。

4. 锁定或解锁图层

绘制完一个图层后,为了在绘制其他图形时不影响该图层,通常可以把图层锁定。图层锁定以 🔒 表示,单击图标可以将图层解锁,以图标 🔓 表示。新建的图层默认都处于解锁状态。锁定图层不会影响该图层上图形的显示。

5. 打印或不打印图层

可以打印的图层以 🖶 显示,单击该图标可以设置图层不能打印,以图标 🖶⊘ 表示。打印功能只对可见、没有被冻结、没有被锁定和没有被关闭的图层起作用。

6. 过滤图层

在实际绘图过程中,当图层很多时,如何快速查找图层是一个很重要的问题,这时候就需要用到图层过滤功能。AutoCAD 2018 提供了图层特性过滤器来过滤图层。在"图层特性管理器"选项板中单击"新建特性过滤器"按钮 ⟳,打开"图层过滤器特性"对话框,如图 2-10 所示,通过该对话框设置图层过滤。

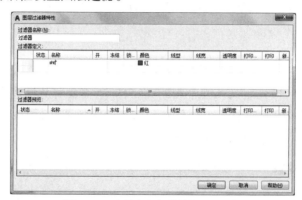

图 2-10 "图层过滤器特性"对话框

在"图层过滤器特性"对话框的"过滤器名称"文本框中输入过滤器的名称,过滤器名称中不能包含 <>、;、:、?、*、= 等字符。在"过滤器定义"列表中可以设置过滤条件,包括图层的名称、颜色、状态等。指定过滤器的图层的名称时,"?"可以代替任何一个字符。

如图 2-10 所示,名称为"过滤器"的过滤器将显示所有符合以下条件的图层:名称中包含"sht";颜色为红色。

任务拓展

按表 2.1 设置图层名、颜色、线型和线宽,并将细实线层和虚线层冻结。创建一个过滤器,使图层中不显示被冻结的图层。

表 2-1 设置图层

图层名	颜色	线型	线宽
粗实线	黑色	Continuous	0.70
细实线	蓝色	Continuous	0.35
细点画线	红色	Center	0.35
虚线	黄色	Dashed	0.35
波浪线	青色	Continuous	0.35
文字	绿色	Continuous	默认

任务 3   文字样式的设置

任务引入

国家标准《机械制图》对图纸中的文字有明确的要求。因此,在图纸中输入文本之前,应对文字样式进行设置。那么,该怎样对文字样式进行设置呢?

任务目标

(1)了解国家标准《机械制图》中对汉字、数字和字母字体的要求。
(2)掌握汉字、数字与字母的规范样式的设置方法。

任务实施

在注写文字之前,应先定义几种常用的文字样式,需要时从这些文字样式中进行选择即可。AutoCAD 图形中的所有文字都具有与之相关联的文字样式。输入文字时,系统用当前样式设置字体、字号、角度、方向和其他特性。

3.1   汉字样式的设置

3.1.1   命令激活方式

(1)工具栏:单击"文字样式"图标 。
(2)下拉菜单:单击"格式"→"文字样式"命令。
(3)命令窗口:STYLE(或 ST) 。

3.1.2   操作步骤

执行上述操作后,系统打开"文字样式"对话框,如图 2-11 所示。单击"新建"按钮 新建(N)... ,系统打开"新建文字样式"对话框,如图 2-12 所示。在"新建文字样式"对话框中,将文本框中的"样式 1"修改为"汉字",单击"确定"按钮 确定 ,返回"文字样式"对话框。

在"文字样式"对话框中,单击"字体名"下拉列表框,从中选择"仿宋 _GB2312",将"宽度因子"设置为 0.67,"倾斜角度"设置为 0,依次单击"应用"按钮 应用(A) 和"关闭"按钮 关闭(C) 。

图 2-11　"文字样式"对话框

图 2-12　"新建文字样式"对话框

重复上述操作,在"新建文字样式"对话框中输入样式名"数字与字母",选择"isocp.shx"字体,"宽度因子"设置为 0.67,"倾斜角度"设置为 15,依次单击"应用"按钮 应用(A) 和"关闭"按钮 关闭(C) 。

3.2　操作说明

在"文字样式"对话框中,"高度"文本框用来设置创建文字时的固定字高,在用命令输入文字时,AutoCAD 不再提示输入字高参数。如果在此文本框中将高度设置为 0,系统会在每一次创建文字时均提示输入字高。因此,如果不想固定字高,可以将"高度"文本框中的数值设置为 0。

设置好的文字样式可以通过"文字样式"对话框进行修改。修改文字的字体或方向,使用该样式的所有文字都将随之改变并重新生成;修改文字的高度、宽度因子或倾斜角度,不会改变现有的文字,但会改变以后创建的文字对象。

任务拓展

通过网络演示,巩固对制图国家标准中文字的规范要求的理解,并掌握汉字、数字与字母样式的设置方法。

任务 4　尺寸标注样式的设置

任务引入

工程图中的尺寸标注必须符合国家标准《机械制图》的要求。目前,各国的制图标准有许多不同之处,我国各行业的制图标准对尺寸标注的要求也不完全相同。AutoCAD 是一个通用的绘图软件包,它允许用户根据实际需求自行创建尺寸标注样式。那么,该怎样对尺寸标注样式进行设置呢?

任务目标

1. 了解国家标准《机械制图》中对尺寸标注的构成要素的要求。
2. 掌握常用的尺寸标注规范样式的设置方法。

任务实施

绘制工程图时,通常有多种尺寸标注形式,要加快绘图速度,应把绘图时采用的尺寸标注形式都创建为尺寸标注样式,这样标注尺寸时只需调用所需的尺寸标注样式即可,从而避免了反复设置尺寸变量,且便于修改。

4.1 标注样式的设置

4.1.1 命令激活方式

(1)工具栏:单击"标注"图标 。
(2)下拉菜单:单击"格式"→"标注样式"命令。
(3)命令窗口:DIMSTYLE(或 D) 。

4.1.2 操作步骤

执行上述操作后,系统打开"标注样式管理器"对话框,如图 2-13 所示。单击"新建"按钮 新建(N)... ,系统打开"创建新标注样式"对话框,如图 2-14 所示。将"新样式名"文本框中的"副本 ISO-25"修改为"尺寸标注",单击"继续"按钮 继续 ,弹出"新建标注样式:尺寸标注"对话框,如图 2-15 所示。

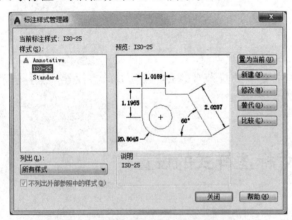

图 2-13 "标注样式管理器"对话框

图 2-14 "创建新标注样式"对话框

分别进入"线"和"文字"选项卡,根据制图国家标准的规定,将"线"选项卡设置成如图 2-15 所示的样式,将"文字"选项卡设置成如图 2-16 所示的样式。参数修改完毕后,单击"确定"按钮 确定 ,返回"标注样式管理器"对话框,如图 2-17 所示。单击"置为当前"按钮 置为当前(U) ,将新建的标注样式设为当前标注样式。单击"关闭"按钮 关闭 ,返回绘图界面,标注样式设置完成。

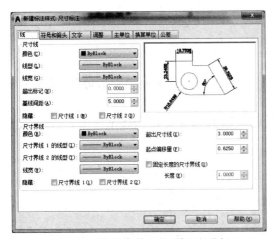

图 2-15　修改参数后的"线"选项卡

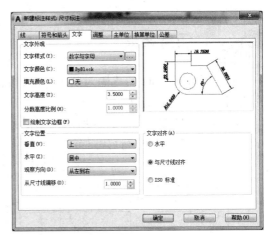

图 2-16　修改参数后的"文字"选项卡

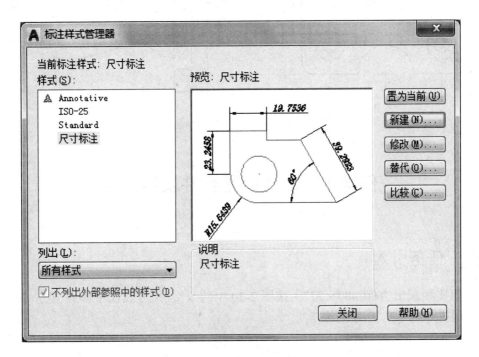

图 2-17　新建标注样式后的"标注样式管理器"对话框

4.2　操作说明

　　"标注样式管理器"的主要功能包括预览尺寸标注样式、创建新的尺寸标注样式、修改已有的尺寸标注样式、设置一个尺寸标注样式的替代样式、设置当前的尺寸标注样式、比较尺寸标注样式、重命名尺寸标注样式和删除尺寸标注样式等，以上介绍的操作仅是其中的一个方面。对初学者而言，首先通过以上操作学习掌握常用的基本功能，然后在此基础上逐步掌握其他功能。

任务拓展

（1）通过网络演示,巩固对国家标准《机械制图》中尺寸标注规范要求的理解,并掌握尺寸标注样式的设置方法。

（2）标注图 2-18、图 2-19 所示图形的尺寸,要求先按照尺寸标注规范设置尺寸标注样式并置为当前,然后进行尺寸标注。

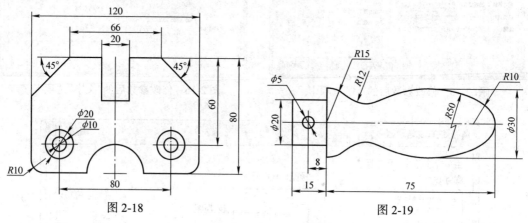

图 2-18

图 2-19

任务 5　绘制标题栏并填写文字

任务引入

用粗实线画出边框(400 × 277),按图 2-20 中的线型、尺寸及汉字样式,在边框右下角绘制标题栏并填写文字,字高为 7。

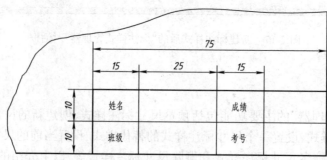

图 2-20　标题栏示例

任务目标

（1）熟练运用显示控制功能（缩放、实时平移等）。

（2）初步掌握绘图环境的设置方法。

（3）初步掌握文字样式、尺寸标注样式的设置方法及标注文字的基本方法。

 任务实施

5.1　设置绘图环境

设置方法和过程可参照本项目任务 1 中的有关介绍。设置"粗实线""细实线""标注"和"文本"四个图层。

5.2　绘制边框

将当前图层设置为"粗实线"层。

单击绘图工具栏中的"矩形"图标 ，命令窗口提示如下。

指定第一个角点或 [倒角 (C)/ 标高 (E)/ 圆角 (F)/ 厚度 (T)/ 宽度 (W)]:（在屏幕左下方单击矩形的第一角点）

指定另一个角点或 [面积 (A)/ 尺寸 (D)/ 旋转 (R)]:d✓　　（通过给定矩形的尺寸进行绘制）

指定矩形的长度 <10.0000>:400　✓（输入矩形的长度尺寸 400，按 Enter 键）

指定矩形的宽度 <10.0000>:277　✓（输入矩形的宽度尺寸 277，按 Enter 键）

指定另一个角点或 [面积 (A)/ 尺寸 (D)/ 旋转 (R)]:（在第一个角点的右上方单击鼠标左键，结束命令）

绘制完成的边框如图 2-21 所示。

5.3　绘制标题栏

5.3.1　分解边框

单击修改工具栏中的"分解"图标 ，命令窗口提示如下。

选择对象:（拾取矩形边框）

选择对象:（单击鼠标右键或按 Enter 键，完成分解）

5.3.2　利用偏移命令绘制标题栏

单击修改工具栏中的"偏移"图标 ，命令窗口提示如下。

指定偏移距离或 [通过 (T)/ 删除 (E)/ 图层 (L)] < 通过 >:20 ✓（输入偏移距离 20）

选择要偏移的对象，或 [退出 (E)/ 放弃 (U)] < 退出 >:（拾取边框最下边的直线）

指定要偏移的那一侧上的点，或 [退出 (E)/ 多个 (M)/ 放弃 (U)] < 退出 >:（在拾取的直线上方任意单击一点）

选择要偏移的对象,或 [退出 (E)/ 放弃 (U)] < 退出 >:✓(单击鼠标右键或按 Enter 键,结束命令)

继续执行"偏移"命令,将边框最右边的直线向左偏移 75,如图 2-22 所示。

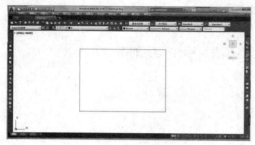 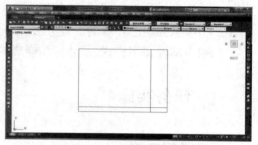

图 2-21　边框的绘制　　　　　　　　　图 2-22　标题栏的绘制(一)

5.3.3　利用修剪命令修剪多余的线段

单击修改工具栏中的"修剪"图标 ,命令窗口提示如下。

当前设置:投影 =UCS,边 = 无

选择剪切边 …

选择对象或 < 全部选择 > 指定对角点:找到 2 个(拾取标题栏的左边线和上边线)

选择对象:✓(单击鼠标右键或按 Enter 键,结束对剪切边的选择)

选择要修剪的对象,或按住 Shift 键选择要延伸的对象,或 [栏选 (F)/ 窗交 (C)/ 投影 (P)/ 边 (E)/ 删除 (R)/ 放弃 (U)]:(分别拾取两条直线应该被剪掉的部分,按 Enter 键)

完成标题栏左边线和上边线的修剪,如图 2-23 所示。

5.3.4　利用窗口缩放命令放大标题栏部分

单击标准工具栏中的"窗口缩放"图标 ,命令窗口提示如下。

指定第一个角点:(在标题栏右上角合适的位置单击鼠标左键)

指定对角点:(在标题栏左下角合适的位置单击鼠标左键)

缩放显示的标题栏如图 2-24 所示。

 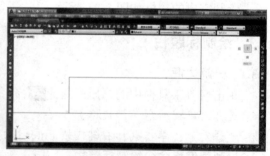

图 2-23　标题栏的绘制(二)　　　　　　图 2-24　标题栏的绘制(三)

5.3.5　利用偏移命令绘制标题栏内部的分隔线

再次执行"偏移"命令,输入偏移距离 10,拾取标题栏的上边线,鼠标移至所选直线下方单击左键,绘制出上边线的平行线;重复使用"偏移"命令,将标题栏的左边线向右偏移三次,偏移距离分别为 15、40、55。完成标题栏内部分隔线的绘制,如图 2-25 (a) 所示。

选中标题栏内的全部直线,单击鼠标右键,在右键快捷菜单中单击"特性"选项,在"特性"对话框中点选"图层"属性栏,将默认的"粗实线"层切换为"细实线"层,如图 2-25（b）所示。打开"线宽"显示状态,如图 2-25（c）所示。

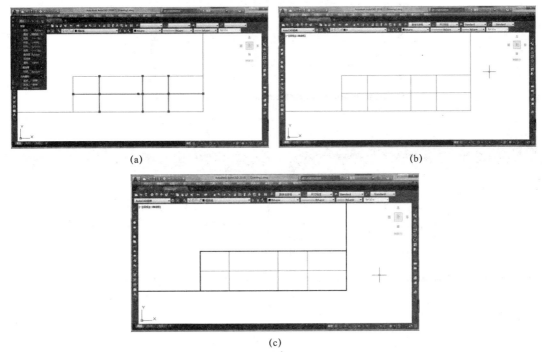

(a)　　　　　　　　　　　　　　　　(b)

(c)

图 2-25　标题栏的绘制(四)

5.4　注写文字

在进行文字注写前,应先设置文字样式(操作方法见本项目任务 3),并将"文本"层置为当前图层。

单击绘图工具栏中的"多行文字"图标 A,命令窗口提示如下。

指定第一角点:(捕捉待注写"姓名"的矩形框的左上角)

指定对角点或 [高度 (H)/ 对正 (J)/ 行距 (L)/ 旋转 (R)/ 样式 (S)/ 宽度 (W)/ 栏 (C)]:j ✓ (选择"对正"选项)

输入对正方式 [左上 (TL)/ 中上 (TC)/ 右上 (TR)/ 左中 (ML)/ 正中 (MC)/ 右中 (MR)/ 左下 (BL)/ 中下 (BC)/ 右下 (BR)] < 左上 (TL)>:mc ✓(选择"正中"选项)

指定对角点或 [高度 (H)/ 对正 (J)/ 行距 (L)/ 旋转 (R)/ 样式 (S)/ 宽度 (W)/ 栏 (C)]:(捕捉待注写"姓名"的矩形框的右下角)

此时弹出多行文字编辑器,如图 2-26 所示。在该对话框中将"文字高度"设置为 7,输入文字内容后单击"确定"按钮,完成"姓名"二字的注写,如图 2-27（a）所示。

继续执行"多行文字"命令,选定相应的矩形边界,依次输入"成绩""班级""考号"等文字,如图 2-27（b）所示。

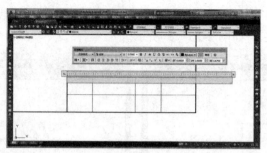

图 2-26 多行文字编辑器

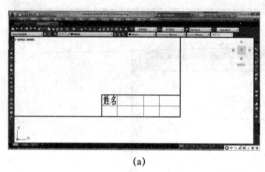

(a)

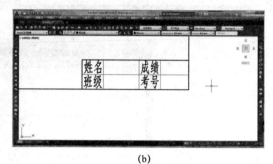

(b)

图 2-27 注写文字

5.5 存储文件

单击缩放工具栏中的"全部缩放"图标，使所绘图形充满屏幕，如图 2-28 所示。

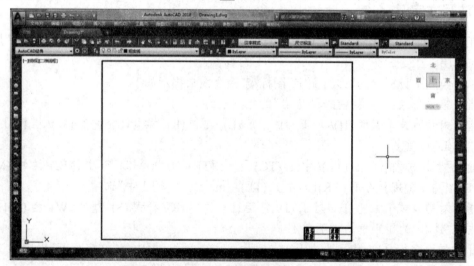

图 2-28 完成的图形

单击标准工具栏中的"保存"图标，弹出"图形另存为"对话框。在"图形另存为"对话框中选择好保存位置，并输入文件的名称，然后单击"保存"按钮。

任务拓展

用粗实线画出边框(190 × 277),按图 2-29 中的线型及尺寸在边框右下角绘制标题栏,并按照国家标准《机械制图》的要求填写文字,字高为 5。

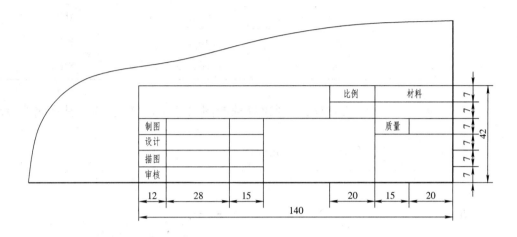

图 2-29

思考与练习

一、思考题

（1）如何设置图形单位和绘图界限?

（2）图层的作用和性质是什么?

（3）如何设置图层?

（4）国家标准《机械制图》中关于字体的规范要求是什么?

（5）如何设置规范的文字样式?

（6）国家标准《机械制图》中关于尺寸标注的规范要求是什么?

（7）如何设置规范的尺寸标注样式?

二、练习题

（1）切换到 AutoCAD 经典工作界面,设置图形单位和绘图界限。要求:长度单位采用小数,精度为 0.5;角度单位采用百分度,精度为 0.00;设成竖装 A4 图幅,并使所设的图形界限有效。

（2）按下表建立新图层。

题表 2-1

图层名	颜色	线型	线宽
粗实线	红色	Continuous	0.30
细实线	黄色	Continuous	默认
细点画线	绿色	Center	默认
虚线	黑色	Dashed	默认
文字	蓝色	Continuous	默认

（3）创建"7号长仿宋字"文字样式；创建机械制图尺寸标注样式，并将其命名为"尺寸"。

（4）抄绘如下图形，并按要求进行填写和标注。

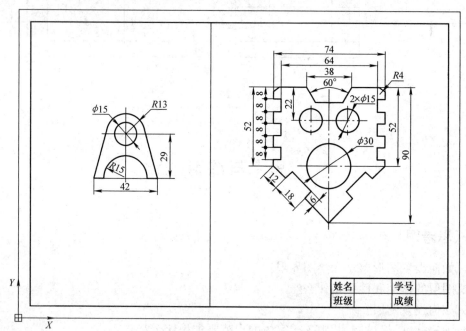

题图 2-1

项目 3　绘制平面图形

任务 1　简单平面图形的绘制

 任务引入

按 1:1 的比例绘制图 3-1 所示的简单平面图形,不作任何标注。

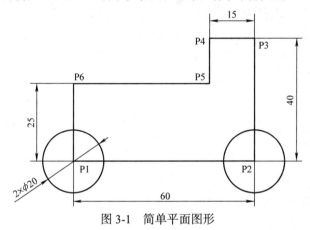

图 3-1　简单平面图形

 任务目标

(1)掌握直线(L)、多段线(PL)和圆(C)绘图命令的使用方法。
(2)学会捕捉特征点。

 任务实施

1.1　分析图形

该图形由一个封闭的线框和两个直径为 20 的圆组成,绘制该图形需要先绘制由直线段组成的轮廓,然后利用捕捉功能捕捉线段的交点作为圆心绘制两个圆。

参照项目 1 任务 3 中所叙述的数据输入法,可以使用直线命令,分别采用点坐标(绝对直角坐标)、相对直角坐标、相对极坐标和数值输入四种方法绘制该图形,亦可使用多段线命令绘制该图形。

1.2 相关知识点

1.2.1 直线的绘制方法

1. 命令激活方式

（1）工具栏：单击绘图工具栏中的"直线"图标。

（2）下拉菜单：单击"绘图"→"直线"命令。

（3）命令窗口：LINE（或 L）。

2. 命令窗口提示的含义

用上述任何一种方式激活"直线"命令，都会出现如下提示。

```
命令：_line
指定第一个点：
指定下一点或 [放弃(U)]:
指定下一点或 [放弃(U)]:
指定下一点或 [闭合(C)/放弃(U)]:
```

如果给出下一个点，将绘制一条直线；如果输入 U 后按 Enter 键，则删除前一次画出的直线；如果输入 C 后按 Enter 键，则构成一个封闭的多边形。

1.2.2 多段线的绘制方法

1. 命令激活方式

（1）工具栏：单击绘图工具栏中的"多段线"图标。

（2）下拉菜单：单击"绘图"→"多段线"命令。

（3）命令窗口：PLINE（或 PL）。

2. 命令窗口提示的含义

用上述任何一种方式激活"多段线"命令，都会出现如下提示。

```
命令：_pline
指定起点：
当前线宽为 0.0000
指定下一个点或 [圆弧(A)/半宽(H)/长度(L)/放弃(U)/宽度(W)]:
指定下一点或 [圆弧(A)/闭合(C)/半宽(H)/长度(L)/放弃(U)/宽度(W)]:
```

提示中各选项的功能如下：如果给出下一个点，将绘制一条直线；如果输入 A 后按 Enter 键，则绘制一段圆弧；如果输入 H 后按 Enter 键，则指定多段线的半宽度；如果输入 L 后按 Enter 键，则按指定长度绘制线段；如果输入 U 后按 Enter 键，则删除最近一次添加到多段线上的直线；如果输入 W 后按 Enter 键，则指定下一条线段的起始宽度和终止宽度。利用该命令可以绘制变宽线段。

1.2.3 圆的绘制方法

1. 命令激活方式

（1）工具栏：单击绘图工具栏中的"圆"图标。

（2）下拉菜单：单击"绘图"→"圆"命令。

（3）命令窗口：CIRCLE（或 C）。

2. 命令窗口提示的含义

用上述任何一种方式激活"圆"命令，都会出现如下提示。

```
× ⚒  ⊙ ▾ CIRCLE 指定圆的圆心或 [三点(3P) 两点(2P) 切点、切点、半径(T)]:
```

如果给出圆心,将提示输入圆的直径或半径值画圆;如果输入 3P 后按 Enter 键,则提示输入圆上的三个点画圆;如果输入 2P 后按 Enter 键,则提示输入两点作为直径的端点画圆;如果输入 T 后按 Enter 键,则提示要画的圆与两条线段相切,拾取两个切点并输入圆的半径值画圆。

1.2.4 对象捕捉

AutoCAD 提供的对象捕捉功能可以准确地捕捉一些特殊位置的点(如端点、交点等),不但能加快绘图的速度,也使得图形绘制非常精确。

1. 临时对象捕捉

临时对象捕捉仅对本次捕捉点有效,共有三种方法。

(1)在任意一个工具栏处单击鼠标右键,在打开的工具栏快捷菜单中单击"对象捕捉"命令,打开如图 3-2 所示的"对象捕捉"工具栏。

图 3-2 "对象捕捉"工具栏

把鼠标放在工具栏中任意按钮的下方停留片刻,将显示出该按钮的捕捉名称。临时对象捕捉属于透明命令,可以在执行绘图或编辑命令的过程中插入。在绘图过程中提示确定一点时,选择对象捕捉的某一项(如端点、中点等),只要光标在该点附近,就会自动捕捉到相关的点。

(2)在执行绘图命令的过程中要求指定点时,可以按下 Shift 键或 Ctrl 键,单击鼠标右键打开"对象捕捉"快捷菜单,如图 3-3 所示,选择需要的捕捉定位点进行捕捉。

(3)命令窗口提示输入点时,直接输入关键词如 MID(中点)、TAN(切点)等,然后按Enter 键,临时打开捕捉功能。

被输入的临时捕捉命令将暂时覆盖其他的捕捉命令,在命令窗口中显示一个"于"标记。

2. 自动对象捕捉

在绘图过程中,使用对象捕捉命令的频率非常高。若每次都使用"对象捕捉"工具栏等临时对象捕捉,会影响绘图效率。为此, AutoCAD 提供了一种自动对象捕捉模式。

要打开自动对象捕捉模式,可在"工具"下拉菜单中选择"绘图设置"选项 绘图设置(F)... ,此时将打开"草图设置"对话框。在该对话框中选择"对象捕捉"选项卡,并选中"启用对象捕捉"复选框,然后在"对象捕捉模式"选项组中选中相应的复选框,如图 3-4 所示。

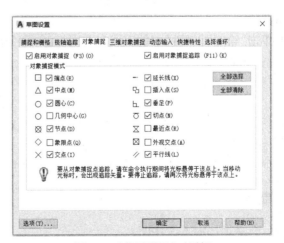

图 3-3 "对象捕捉"快捷菜单　　　　　　　图 3-4 "草图设置"对话框

开启自动捕捉后,绘制和编辑图形时把光标放在一个对象上,系统会自动捕捉到对象上所有符合条件的各种特征点,并显示相应的标记。

开启自动捕捉后,设置的对象捕捉模式始终处于运行状态,直到关闭为止。可以在"草图设置"对话框的"对象捕捉"选项卡中取消"启用对象捕捉",此时将关闭对象捕捉功能。更方便的方法是直接单击屏幕下方的状态栏中的按钮□,开启或关闭"对象捕捉"功能。

图 3-5(a)所示是绘制好的两个圆,如何快速、准确地作出它们的公切线呢?

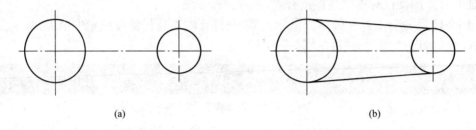

(a)   (b)

图 3-5　作两个圆的公切线

方法一:采用临时对象捕捉进行操作。

(1)单击"绘图"工具栏中的直线命令图标✎,命令窗口提示如下。

命令:_line 指定第一点:_tan 到(单击"对象捕捉"工具栏中的"捕捉到切点"按钮⟳,然后单击左侧的大圆上方)

指定下一点或 [放弃(U)]:_tan 到(单击"对象捕捉"工具栏中的"捕捉到切点"按钮⟳,然后单击右侧的小圆上方)

指定下一点或 [放弃(U)]:✓(按 Enter 键结束直线的绘制)

按 Enter 键或 Space 键结束直线命令。然后用同样的方法作出两个圆的下公切线,完成后的图形如图 3-5(b)所示。

方法二:采用自动对象捕捉进行操作。

(1)用鼠标右键单击状态栏中的"对象捕捉"按钮□,在打开的快捷菜单中选择"设置"选项,在打开的如图 3-4 所示的对话框中选择"切点"复选框,单击"确定"按钮关闭"草图设置"对话框。

(2)单击"绘图"工具栏中的直线命令图标✎,命令窗口提示如下。

命令:_line 指定第一点:(鼠标靠近左侧的大圆上方,待出现切点符号⟳时单击大圆)

指定下一点或 [放弃(U)]:(鼠标靠近右侧的小圆上方,待出现切点符号⟳时单击小圆)

指定下一点或 [放弃(U)]:✓(按 Enter 键结束直线的绘制)

按 Enter 键或 Space 键结束直线命令。然后用同样的方法作出两个圆的下公切线,完成后的图形如图 3-5(b)所示。

1.3　绘制图形

方法一:点坐标输入法作图。

（1）绘制直线。

命令:line ✓

指定第一点:100,100 ✓（该点为作图的起始点 P1,用户可以根据需要自由确定）

指定下一点或 [放弃(U)]: 160,100 ✓（P2 点的坐标值）

指定下一点或 [放弃(U)]: 160,140 ✓（P3 点的坐标值）

指定下一点或 [闭合(C)/放弃(U)]: 145,140 ✓（P4 点的坐标值）

指定下一点或 [闭合(C)/放弃(U)]: 145,125 ✓（P5 点的坐标值）

指定下一点或 [闭合(C)/放弃(U)]: 100,125 ✓（P6 点的坐标值）

指定下一点或 [闭合(C)/放弃(U)]: c ✓（闭合图形,完成 LINE 命令,回到等待命令状态）

（2）绘制圆。

命令: circle ✓

指定圆的圆心或 [三点(3P)/两点(2P)/切点、切点、半径(T)]:（采用对象捕捉的方法,用鼠标拾取圆心 P1 点）

指定圆的半径或 [直径(D)]: 10 ✓（输入圆的半径值）

命令:（直接按 Enter 键或在右键快捷菜单中选择"重复圆(R)"项）

CIRCLE 指定圆的圆心或 [三点(3P)/两点(2P)/切点、切点、半径(T)]:（用鼠标拾取圆心 P2 点）

指定圆的半径或 [直径(D)]<10>: 10 ✓

（3）保存图形。

单击标准工具栏中的"保存"图标 ,弹出"图形另存为"对话框。在"图形另存为"对话框中选择好保存位置,并输入文件的名称"图 3-1",然后单击"保存"按钮。

方法二: 相对直角坐标输入法作图。

（1）绘制直线段。

命令: _line 指定第一点:P1 ✓（该点为作图的起始点,用鼠标拾取 P1 点即可）

指定下一点或 [放弃(U)]: @60,0 ✓（P2 点相对于 P1 点的坐标值）

指定下一点或 [放弃(U)]: @0,40 ✓（P3 点相对于 P2 点的坐标值）

指定下一点或 [闭合(C)/放弃(U)]: @-15,0 ✓（P4 点相对于 P3 点的坐标值）

指定下一点或 [闭合(C)/放弃(U)]: @0,-15 ✓（P5 点相对于 P4 点的坐标值）

指定下一点或 [闭合(C)/放弃(U)]: @-45,0 ✓（P6 点相对于 P5 点的坐标值）

指定下一点或 [闭合(C)/放弃(U)]: c ✓（闭合图形,完成 LINE 命令,回到等待命令状态）

（2）绘制圆,同方法一。

（3）保存图形,同方法一。

方法三:相对极坐标输入法作图。

（1）绘制直线。

命令:_line 指定第一点:P1 ✓（该点为作图的起始点,用鼠标拾取 P1 点即可）

指定下一点或 [放弃(U)]:@60<0 ✓（P2 点相对于 P1 点的极坐标值）

指定下一点或 [放弃(U)]:@40<90 ✓（P3 点相对于 P2 点的极坐标值）

指定下一点或 [闭合（C）/ 放弃（U）]：@15<180 ✓（P4 点相对于 P3 点的极坐标值）

指定下一点或 [闭合（C）/ 放弃（U）]：@15<−90 ✓（P5 点相对于 P4 点的极坐标值）

指定下一点或 [闭合（C）/ 放弃（U）]：@45<180 ✓（P6 点相对于 P5 点的极坐标值）

指定下一点或 [闭合（C）/ 放弃（U）]：c ✓（闭合图形，完成 LINE 命令，回到等待命令状态）

（2）绘制圆，同方法一。

（3）保存图形，同方法一。

方法四：数值输入法作图。

由于该图形中的直线均为水平或铅垂线，所以在作图前通过功能键 F8 或在状态栏中单击图标▆，打开正交模式。

（1）绘制直线。

命令：_line 指定第一点：P1 ✓（该点为作图的起始点，用鼠标拾取 P1 点即可）

指定下一点或 [放弃（U）]：60 ✓（将十字光标放在 P1 点的右侧，输入 60 后按 Enter 键，绘制 P2 点）

指定下一点或 [放弃（U）]：40 ✓（将十字光标放在 P2 点的上方，输入 40 后按 Enter 键，绘制 P3 点）

指定下一点或 [闭合（C）/ 放弃（U）]：15 ✓（将十字光标放在 P3 点的左侧，输入 15 后按 Enter 键，绘制 P4 点）

指定下一点或 [闭合（C）/ 放弃（U）]：15 ✓（将十字光标放在 P4 点的下方，输入 15 后按 Enter 键，绘制 P5 点）

指定下一点或 [闭合（C）/ 放弃（U）]：45 ✓（将十字光标放在 P5 点的左侧，输入 45 后按 Enter 键，绘制 P6 点）

指定下一点或 [闭合（C）/ 放弃（U）]：c ✓（闭合图形，完成 LINE 命令，回到等待命令状态）

（2）绘制圆，同方法一。

（3）保存图形，同方法一。

方法五：利用多段线作图。

由于该图形的基本轮廓为一个封闭的图形，所以亦可用多段线命令（PL）绘制。在作图前通过功能键 F8 或在状态栏中单击图标▆，打开正交模式。

（1）绘制封闭的外轮廓。

命令：_pline ✓

指定起点：P1 ✓（该点为作图的起始点，用鼠标拾取 P1 点即可）

当前线宽为 0

指定下一个点或 [圆弧（A）/ 半宽（H）/ 长度（L）/ 放弃（U）/ 宽度（W）]：1 ✓（表示下一步按长度绘制直线）

指定直线的长度：60 ✓（将十字光标放在 P1 点的右侧，输入 60 后按 Enter 键，绘制 P2 点）

指定下一点或 [圆弧（A）/ 闭合（C）/ 半宽（H）/ 长度（L）/ 放弃（U）/ 宽度（W）]：40 ✓（将十字光标放在 P2 点的上方，输入 40 后按 Enter 键，绘制 P3 点）

指定下一点或 [圆弧(A) / 闭合(C) / 半宽(H) / 长度(L) / 放弃(U) / 宽度(W)]：
15 ↙(将十字光标放在 P3 点的左侧，输入 15 后按 Enter 键，绘制 P4 点)

指定下一点或 [圆弧(A) / 闭合(C) / 半宽(H) / 长度(L) / 放弃(U) / 宽度(W)]：
15 ↙(将十字光标放在 P4 点的下方，输入 15 后按 Enter 键，绘制 P5 点)

指定下一点或 [圆弧(A) / 闭合(C) / 半宽(H) / 长度(L) / 放弃(U) / 宽度(W)]：
45 ↙(将十字光标放在 P5 点的左侧，输入 45 后按 Enter 键，绘制 P6 点)

指定下一点或 [圆弧(A) / 闭合(C) / 半宽(H) / 长度(L) / 放弃(U) / 宽度(W)]：c ↙(闭合图形，完成 PLINE 命令，回到等待命令状态)

（2）绘制圆，同方法一。

（3）保存图形，同方法一。

以上介绍的是最常用的绘制直线的方法。比较上述五种方法可以看出，采用数值输入法绘制比相对坐标输入法方便；采用相对坐标输入法绘制比绝对坐标输入法方便。在作图过程中，可以根据已知条件灵活采用这些方法。

任务拓展

（1）利用直线命令，采用不同的坐标输入法完成图 3-6 的绘制，不标注尺寸。

（2）利用多段线命令完成图 3-6 的绘制。

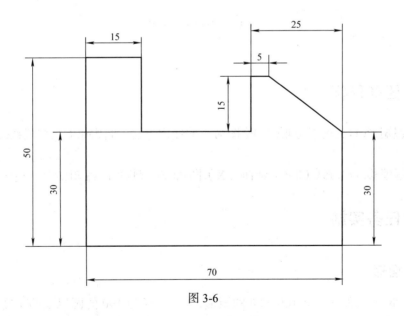

图 3-6

任务 2 对称平面图形的绘制

 任务引入

按 1:1 的比例绘制图 3-7 所示的对称平面图形,不标注尺寸。

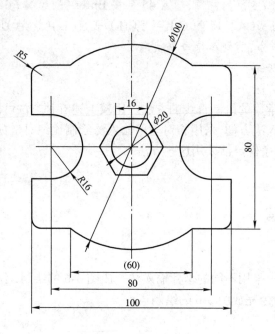

图 3-7 对称平面图形

 任务目标

(1)掌握矩形(G)、正多边形(Y)绘图命令的使用方法,巩固圆(C)、多段线(PL)命令的使用方法。

(2)掌握偏移(O)、修剪(TR)、延伸(EX)、圆角(F)、删除(E)编辑命令的使用方法。

 任务实施

2.1 分析图形

该图形的外轮廓由一个 100×80 的矩形,一个直径为 100 的圆以及两个宽度为 16 的 U 形槽组成,中心有一个边长为 16 的正六边形和一个直径为 20 的圆。

绘图时需要先绘制对称线、矩形、圆等基本图形,然后通过偏移、修剪、倒圆角等编辑功能完成图形的绘制。

2.2　相关知识点

2.2.1　矩形的绘制方法

1.命令激活方式

（1）工具栏：单击绘图工具栏中的"矩形"图标 ⬜。

（2）下拉菜单：单击"绘图"→"矩形"命令。

（3）命令窗口：RECTANG（或 REC）↙。

2.命令窗口提示的含义

用上述任何一种方式激活"矩形"命令，都会出现如下提示。

> 命令：_rectang
> 指定第一个角点或 [倒角(C)/标高(E)/圆角(F)/厚度(T)/宽度(W)]：
> 指定另一个角点或 [面积(A)/尺寸(D)/旋转(R)]：

在默认情况下，指定两个点决定矩形对角点的位置，矩形的边平行于当前坐标系的 X 和 Y 轴，如图 3-8（a）所示。命令提示中其他选项的功能如下。

（1）"倒角(C)"：绘制一个带倒角的矩形。此时需要指定矩形的两个倒角距离，带倒角的矩形如图 3-8（b）所示。

（2）"标高(E)"：指定矩形所在平面的高度。在默认情况下，矩形在 XY 平面内。该选项一般用于三维绘图。

（3）"圆角(F)"：绘制一个带圆角的矩形。此时需要指定矩形的圆角半径，带圆角的矩形如图 3-8（c）所示。

（4）"厚度(T)"：按设定的厚度绘制矩形。该选项一般用于三维绘图。

（5）"宽度(W)"：指定矩形的线宽，按设定的线宽绘制矩形，如图 3-8（d）所示。

（6）"面积(A)"：通过指定矩形的面积和长度（或宽度）绘制矩形。

（7）"尺寸(D)"：通过指定矩形的长度、宽度和另一个角点的方向绘制矩形。

（8）"旋转(R)"：通过指定旋转的角度和拾取两个参考点绘制矩形。

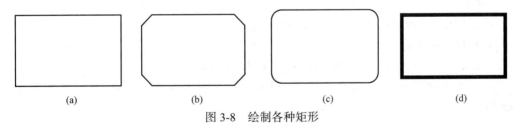

(a)	(b)	(c)	(d)

图 3-8　绘制各种矩形

2.2.2　正多边形的绘制方法

1.命令窗口激活方式

（1）工具栏：单击绘图工具栏中的"正多边形"图标 ⬠。

（2）下拉菜单：单击"绘图"→"正多边形"命令。

（3）命令窗口：POLYGON（或 POL）↙。

2.命令窗口提示的含义

用上述任何一种方式激活"正多边形"命令，都会出现如下提示。

命令：_polygon 输入侧面数 <4>：
指定正多边形的中心点或 [边(E)]：
输入选项 [内接于圆(I)/外切于圆(C)] <I>：
指定圆的半径：

在默认情况下,输入正多边形的边数并定义中心点后,可以用正多边形的外切圆或内接圆来绘制正多边形,此时均需要指定圆的半径。内接于圆要指定圆的半径,正多边形的所有顶点都在圆周上,如图 3-9(a)所示;外切于圆要指定正多边形的中心点到各边的中点的距离,如图 3-9(b)所示。

如果在命令窗口的提示下选择"边(E)"项,可以以指定的两个点作为正多边形一条边的两个端点来绘制多边形,如图 3-9(c)所示。

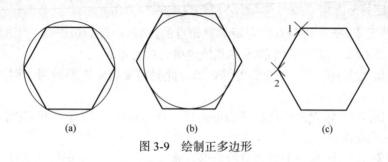

(a)   (b)   (c)

图 3-9 绘制正多边形

2.2.3 偏移命令的使用方法

偏移命令用于创建同心圆、平行线和等距曲线。

1.命令激活方式

(1)工具栏:单击编辑工具栏中的"偏移"图标 ⊏。

(2)下拉菜单:单击"修改"→"偏移"命令。

(3)命令窗口:OFFSET(或 O)✓。

2.操作步骤

用上述任何一种方式激活"偏移"命令,都会出现如下提示。

命令:OFFSET ✓

当前设置:删除源=否 图层=源 OFFSETGAPTYPE=0

指定偏移距离或 [通过(T)/删除(E)/图层(L)] <16>: 5✓(输入偏移距离 5,按 Enter 键)

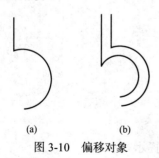

选择要偏移的对象,或 [退出(E)/放弃(U)]<退出>:(拾取图 3-10(a)中的多段线)

指定要偏移的那一侧上的点,或 [退出(E)/多个(M)/放弃(U)]<退出>:(单击多段线的左侧)

选择要偏移的对象,或 [退出(E)/放弃(U)]<退出>:✓(按 Enter 键,结束偏移命令)

执行结果如图 3-10(b)所示。

(a)   (b)

图 3-10 偏移对象

2.2.4 修剪与延伸命令的使用方法

修剪与延伸命令都是利用边界使对象缩短或延长至与边界平齐。

1. 修剪命令的使用方法

1)命令激活方式

（1）工具栏：单击编辑工具栏中的"修剪"图标 ⊬ 。

（2）下拉菜单：单击"修改"→"修剪"命令。

（3）命令窗口：TRIM（或 TR）↙ 。

2)操作步骤

用上述任何一种方式激活"修剪"命令，都会出现如下提示。

命令：TRIM ↙

当前设置：投影 =UCS，边 = 无

选择剪切边 …

选择对象或 < 全部选择 >：指定对角点：（拾取图 3-11（a）所示五角星的各边作为剪切边）

选择对象：↙（按 Enter 键，结束剪切边的拾取或继续拾取其他剪切边）

选择要修剪的对象，或按住 Shift 键选择要延伸的对象，或 [栏选（F）/ 窗交（C）/ 投影（P）/ 边（E）/ 删除（R）/ 放弃（U）]：（依次单击被剪对象 *AB*、*BC*、*CD*、*DE*、*EA* ）

执行结果如图 3-11（b）所示。

2. 延伸命令的使用方法

1)命令激活方式

（1）工具栏：单击编辑工具栏中的"延伸"图标 ⊸ 。

（2）下拉菜单：单击"修改"→"延伸"命令。

（3）命令窗口：EXTEND（或 EX）↙ 。

2)操作步骤

用上述任何一种方式激活"延伸"命令，都会出现如下提示。

命令：_extend ↙

当前设置：投影 =UCS，边 = 无

选择边界的边 …

选择对象或 < 全部选择 >：（拾取图 3-12（a）中的线 1 作为延伸边界）

选择对象：↙（按 Enter 键，结束边界的拾取或继续拾取其他边界）

选择要延伸的对象，或按住 Shift 键选择要修剪的对象，或 [栏选（F）/ 窗交（C）/ 投影（P）/ 边（E）/ 放弃（U）]：（选择待延伸的对象 2，注意点取的位置要靠近待延伸端）

执行结果如图 3-12（b）所示。

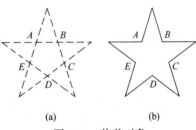

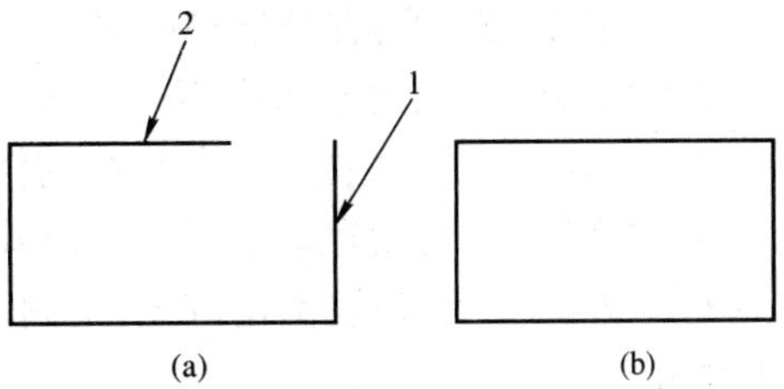

图 3-11 修剪对象

图 3-12 延伸对象

2.2.5 倒角与圆角命令的使用方法

1. 倒角命令的使用方法

倒角命令为用指定的斜线段连接两条相交的直线。

1）命令激活方式

（1）工具栏：单击编辑工具栏中的"倒角"图标■。

（2）下拉菜单：单击"修改"→"倒角"命令。

（3）命令窗口：CHAMFER（或 CHA）✓。

2）操作步骤

用上述任何一种方式激活"倒角"命令，都会出现如下提示。

命令：CHAMFER✓

（"修剪"模式）当前倒角距离 1 = 0，距离 2 = 0

选择第一条直线或 [放弃（U）/ 多段线（P）/ 距离（D）/ 角度（A）/ 修剪（T）/ 方式（E）/ 多个（M）]：d✓（选择倒角距离（D）项）

指定第一个倒角距离 <0>: 10✓（输入第一倒角长度）

指定第二个倒角距离 <10>: 5✓（输入第二倒角长度，如果与第一倒角长度相同，直接按 Enter 键即可）

选择第一条直线或 [放弃（U）/ 多段线（P）/ 距离（D）/ 角度（A）/ 修剪（T）/ 方式（E）/ 多个（M）]：（拾取直线 1）

选择第二条直线，或按住 Shift 键选择要应用角点的直线：（拾取直线 2）

执行结果如图 3-13（b）所示。

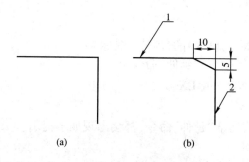

（a）　　　　　　　　　　　　　（b）

图 3-13　倒角

命令窗口中各选项的功能如下。

（1）"放弃（U）"：恢复上一次操作。

（2）"多段线（P）"：在被选择的多段线的各顶点处按当前的倒角设置创建倒角。

（3）"距离（D）"：分别指定第一个和第二个倒角距离。

（4）"角度（A）"：根据第一条直线的倒角长度及倒角角度设置倒角尺寸。

（5）"修剪（T）"：设置倒角"修剪"模式，指倒角后是否保留原线段。

（6）"方式（E）"：设置倒角方式，控制倒角命令是使用"两个距离"还是"距离和角度"来创建倒角。

（7）"多个（M）"：连续对图形创建倒角。

2. 圆角

圆角命令为用指定半径的圆弧光滑地连接两个选定的对象。

1）命令激活方式

（1）工具栏：单击编辑工具栏中的"圆角"图标 。

（2）下拉菜单：单击"修改"→"圆角"命令。

（3）命令窗口：FILLET（或 F）✓。

2）操作步骤

用上述任何一种方式激活"圆角"命令，都会出现如下提示。

命令：FILLET ✓

当前设置：模式 = 修剪，半径 = 0

选择第一个对象或 [放弃（U）/ 多段线（P）/ 半径（R）/ 修剪（T）/ 多个（M）]：r ✓（选择圆角半径项）

指定圆角半径 <0>：10 ✓（输入圆角半径）

选择第一个对象或 [放弃（U）/ 多段线（P）/ 半径（R）/ 修剪（T）/ 多个（M）]：（拾取直线 1 ）

选择第二个对象，或按住 Shift 键选择要应用角点的对象：（拾取直线 2 ）

执行结果如图 3-14（b）所示。

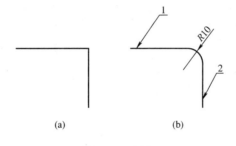

图 3-14　圆角

(a)圆角前　(b)圆角后

2.2.6　删除命令的使用方法

删除命令用于删除指定的对象。

1. 命令激活方式

（1）工具栏：单击编辑工具栏中的"删除" 图标 。

（2）下拉菜单：单击"修改"→"删除"命令。

（3）命令窗口：ERASE（或 E）✓。

2. 操作步骤

用上述任何一种方式激活"删除"命令后，选中待删除对象，然后按 Enter 键或 Space 键，或者单击鼠标右键确认，即可删除对象。该命令亦可先选中待删除对象，然后单击工具栏中的"删除"图标 或直接按 Delete 键，即可完成删除任务。

2.3 绘制图形

2.3.1 绘制对称线

打开"正交"模式,单击绘图工具栏中的"直线"图标 ╱ ,启动"直线"命令,绘制图形的对称线,命令窗口提示如下。

命令:line ✓

指定第一点:(在绘图区的适当位置单击确定水平对称线的起点)

指定下一点或 [放弃(U)]:@110,0 ✓(绘制水平对称线)

指定下一点或 [放弃(U)]:✓(按 Enter 键结束直线命令)

按 Enter 键重复上述命令。

命令:

LINE 指定第一点:@–55,55 ✓(确定铅垂对称线的起点)

指定下一点或 [放弃(U)]:@0,–110 ✓(绘制铅垂对称线)

指定下一点或 [放弃(U)]:✓(按 Enter 键结束直线命令)

绘制完成的对称线如图 3-15 所示。

2.3.2 绘制 100 × 80 的矩形

首先过对称线的交点作辅助线以确定矩形的起点。

命令:_line 指定第一点:(打开交点捕捉功能,拾取对称线的交点)

指定下一点或 [放弃(U)]:@–50,40 ✓(绘制辅助线)

指定下一点或 [放弃(U)]:✓(结束辅助线的绘制)

然后绘制 100 × 80 的矩形。

命令:_rectang ✓

指定第一个角点或 [倒角(C) / 标高(E) / 圆角(F) / 厚度(T) / 宽度(W)]:(打开端点捕捉功能,拾取辅助线的端点作为矩形的第一个角点)

指定另一个角点或 [面积(A) / 尺寸(D) / 旋转(R)]:@100,–80 ✓(输入另一个角点的相对坐标值,按 Enter 键)

绘制完成的矩形如图 3-16 所示。

图 3-15 绘制对称线

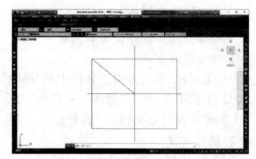

图 3-16 绘制矩形

2.3.3 绘制圆及正六边形

1.分别绘制直径为 100 和 20 的圆

命令:circle ✓

指定圆的圆心或 [三点 (3P)/ 两点 (2P)/ 切点、切点、半径 (T)]: _int 于(拾取对称线的交点作为圆心)

指定圆的半径或 [直径 (D)]: d ✓(选择直径(D)项)

指定圆的直径: 100 ✓(输入圆的直径 ϕ100)

按 Enter 键重复上述命令,按照同样的步骤绘制直径为 20 的圆。

2. 绘制边长为 16 的正六边形

命令: polygon ✓

输入边的数目 <4>: 6 ✓(输入正多边形的边数)

指定正多边形的中心点或 [边 (E)]: _int 于(打开交点或圆心捕捉,拾取对称线的交点或圆心作为正多边形的中心点)

输入选项 [内接于圆 (I)/ 外切于圆 (C)] <I>: ✓(选择内接于圆 (I) 项)

指定圆的半径: 16 ✓(输入内接圆的半径 16)

绘制完成的圆和正六边形如图 3-17 所示。

2.3.4　删除和修剪多余的线段

1. 删除辅助线

命令: erase ✓

选择对象: 找到 1 个(拾取辅助线)

选择对象: ✓

2. 修剪多余的线段

命令: trim ✓

当前设置: 投影 =UCS,边 = 无

选择剪切边 ...

选择对象或 < 全部选择 >: 找到 1 个(拾取直径为 100 的圆)

选择对象: 找到 1 个,总计 2 个(拾取矩形)

选择对象: ✓(右键或回车,结束剪切边的拾取)

选择要修剪的对象,或按住 Shift 键选择要延伸的对象,或

[栏选 (F)/ 窗交 (C)/ 投影 (P)/ 边 (E)/ 删除 (R)/ 放弃 (U)]: (拾取要修剪的线段)

选择要修剪的对象,或按住 Shift 键选择要延伸的对象,或

[栏选 (F)/ 窗交 (C)/ 投影 (P)/ 边 (E)/ 删除 (R)/ 放弃 (U)]: (拾取要修剪的线段)

选择要修剪的对象,或按住 Shift 键选择要延伸的对象,或

[栏选 (F)/ 窗交 (C)/ 投影 (P)/ 边 (E)/ 删除 (R)/ 放弃 (U)]: (拾取要修剪的线段)

选择要修剪的对象,或按住 Shift 键选择要延伸的对象,或

[栏选 (F)/ 窗交 (C)/ 投影 (P)/ 边 (E)/ 删除 (R)/ 放弃 (U)]: (拾取要修剪的线段)

选择要修剪的对象,或按住 Shift 键选择要延伸的对象,或

[栏选 (F)/ 窗交 (C)/ 投影 (P)/ 边 (E)/ 删除 (R)/ 放弃 (U)]: (拾取要修剪的线段)

选择要修剪的对象,或按住 Shift 键选择要延伸的对象,或

[栏选 (F)/ 窗交 (C)/ 投影 (P)/ 边 (E)/ 删除 (R)/ 放弃 (U)]: (拾取要修剪的线段)

选择要修剪的对象,或按住 Shift 键选择要延伸的对象,或

[栏选 (F)/ 窗交 (C)/ 投影 (P)/ 边 (E)/ 删除 (R)/ 放弃 (U)]: ✓(右键或回车,结束修剪命令)

修剪结果如图 3-18 所示。

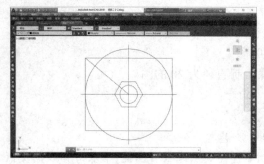 

图 3-17　绘制圆和正六边形　　　　　　　图 3-18　删除和修剪多余的线段

2.3.5　绘制左右两侧的 U 形槽

1. 绘制 U 形槽的定位线和侧边线

命令：offset ✓

当前设置：删除源 = 否　图层 = 源　OFFSETGAPTYPE=0

指定偏移距离或 [通过 (T)/ 删除 (E)/ 图层 (L)] < 通过 >：40 ✓（输入偏移距离）

选择要偏移的对象，或 [退出 (E)/ 放弃 (U)] < 退出 >：（拾取铅垂对称线）

指定要偏移的那一侧上的点，或 [退出 (E)/ 多个 (M)/ 放弃 (U)] < 退出 >：（在铅垂对称线的左侧单击）

选择要偏移的对象，或 [退出 (E)/ 放弃 (U)] < 退出 >：（拾取铅垂对称线）

指定要偏移的那一侧上的点，或 [退出 (E)/ 多个 (M)/ 放弃 (U)] < 退出 >：（在铅垂对称线的右侧单击）

选择要偏移的对象，或 [退出 (E)/ 放弃 (U)] < 退出 >：✓（按 Enter 键，结束偏移命令）

按 Enter 键重复上述命令，按照同样的步骤将水平对称线分别向上、下两侧偏移 16。

偏移结果如图 3-19 所示。

2. 绘制半径为 16 的圆

命令：circle ✓

指定圆的圆心或 [三点 (3P)/ 两点 (2P)/ 切点、切点、半径 (T)]：_int 于（打开交点捕捉功能，拾取相关交点作为圆心）

指定圆的半径或 [直径 (D)]：16 ✓（输入半径 16，绘制左侧的圆）

按 Enter 键重复上述命令，按照同样的步骤绘制右侧的圆。

结果如图 3-20 所示。

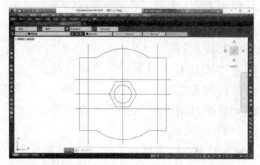 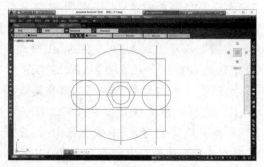

图 3-19　绘制 U 形槽的定位线和侧边线　　　图 3-20　绘制半径为 16 的圆

3. 方法同 2.3.4.2,结果如图 3-21 所示。

2.3.6　倒圆角并整理图形

1. 倒圆角

命令: fillet ✓

当前设置: 模式 = 修剪,半径 = 0.0000

选择第一个对象或 [放弃 (U)/ 多段线 (P)/ 半径 (R)/ 修剪 (T)/ 多个 (M)]: r ✓(选择半径(R)项)

指定圆角半径 <0.0000>: 5 ✓(输入圆角的半径 5)

选择第一个对象或 [放弃 (U)/ 多段线 (P)/ 半径 (R)/ 修剪 (T)/ 多个 (M)]: m ✓(选择多个(M)项)

选择第一个对象或 [放弃 (U)/ 多段线 (P)/ 半径 (R)/ 修剪 (T)/ 多个 (M)]: (拾取第一条待倒圆角的线段)

选择第二个对象,或按住 Shift 键选择要应用角点的对象:(拾取第二条待倒圆角的线段)

选择第一个对象或 [放弃 (U)/ 多段线 (P)/ 半径 (R)/ 修剪 (T)/ 多个 (M)]: (拾取第三条待倒圆角的线段)

选择第二个对象,或按住 Shift 键选择要应用角点的对象:(拾取第四条待倒圆角的线段)

选择第一个对象或 [放弃 (U)/ 多段线 (P)/ 半径 (R)/ 修剪 (T)/ 多个 (M)]: (拾取第五条待倒圆角的线段)

选择第二个对象,或按住 Shift 键选择要应用角点的对象:(拾取第六条待倒圆角的线段)

选择第一个对象或 [放弃 (U)/ 多段线 (P)/ 半径 (R)/ 修剪 (T)/ 多个 (M)]: (拾取第七条待倒圆角的线段)

选择第二个对象,或按住 Shift 键选择要应用角点的对象:(拾取第八条待倒圆角的线段)

选择第一个对象或 [放弃 (U)/ 多段线 (P)/ 半径 (R)/ 修剪 (T)/ 多个 (M)]: ✓(按 Enter 键,结束倒圆角命令)

2. 整理图形

由于 U 形槽的铅垂定位线较长,可以用打断命令进行整理。

命令: break ✓

选择对象:(在待打断的地方拾取线段上的第一个点)

指定第二个打断点或 [第一点 (F)]:(在待打断方向上超出线段端点的位置拾取第二个点)

然后用同样的方法打断其余相关线段。倒圆角和整理后的图形如图 3-22 所示。

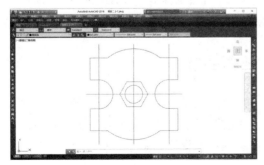

图 3-21　修剪多余的线段

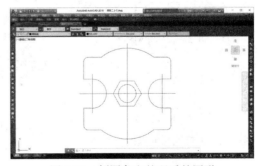

图 3-22　倒圆角和整理后的图形

2.4　保存图形

单击标准工具栏中的"保存"图标 💾，弹出"图形另存为"对话框。在"图形另存为"对话框中选择好保存位置，并输入文件的名称，然后单击"保存"按钮。

注意：因为该图形左右和上下都对称，所以也可以先画一半，然后用镜像命令"MIR-ROR"完成即可。

任务拓展

应用相关绘图和编辑命令完成图 3-23、图 3-24 的绘制，不标注尺寸。

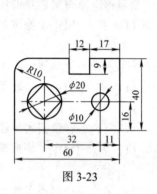

图 3-23

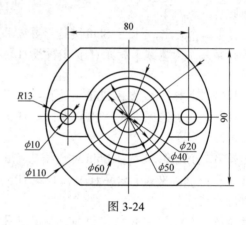

图 3-24

任务 3　带有均布元素的平面图形的绘制

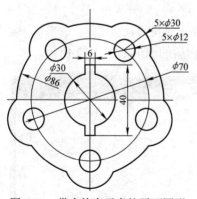

图 3-25　带有均布元素的平面图形

任务引入

按 1∶1 的比例绘制图 3-25 所示的平面图形，不标注尺寸。

任务目标

（1）进一步巩固常用绘图和编辑命令的使用方法。
（2）在绘图过程中进一步熟练应用对象捕捉功能。
（3）初步掌握尺寸标注的基本方法。

任务实施

3.1　分析图形

该图形中有均匀分布的结构要素和上下对称的结构要素,对于此类图形,恰当地使用阵列和镜像命令,可提高绘图效率。

3.2　相关知识点

3.2.1　阵列

阵列命令用于绘制呈矩形或环形规律分布的相同结构。操作步骤如下。

(1)矩形阵列,以图 3-26 为例。

①选择"矩形阵列"按钮 🔳,命令窗口中会提示"选择对象",此时选择图 3-26(a)中的圆及中心线,并按 Enter 键或单击鼠标右键确认,结果如图 3-27 所示。

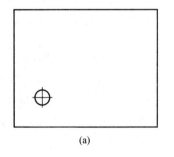
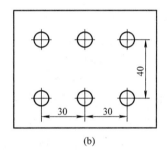

图 3-26　矩形阵列

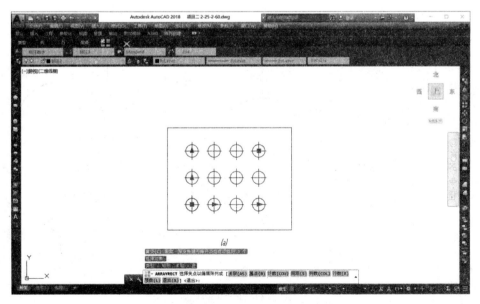

图 3-27　矩形阵列预览

命令窗口提示如下。

ARRAYRECT 选择夹点以编辑阵列或 [关联(AS) 基点(B) 计数(COU) 间距(S) 列数(COL) 行数(R) 层数(L) 退出(X)] <退出>：

②在命令窗口中输入列数(COL)指令,输入列数,如"3",指定列数之间的距离,如"30";输入行数(R)指令,输入行数,如"2",指定行数之间的距离,如"40",结果如图 3-26 (b)所示。

另外,也可以拖动夹点以调整间距和行、列数。

注意:行偏移和列偏移距离可以为正,也可以为负。行偏移距离若为正,图形向上偏移;若为负,则图形向下偏移。列偏移距离若为正,图形向右偏移;若为负,则图形向左偏移。

(2)环形阵列,以图 3-28 为例。

①激活命令。单击"修改"→"阵列"→"环形阵列"图标🔅。

②激活"环形阵列"命令后,命令窗口中会出现"选择对象"的提示,此时选择要进行环形阵列的对象,如图 3-28 (a)中的三角旗,并按 Enter 键或单击鼠标右键确认。

③指定阵列的中心点。可直接输入环形阵列中心点的坐标,但是通常直接在绘图区捕捉图 3-28 (a)中的圆心,结果如图 3-29 所示。

④在命令窗口中输入项目(I)指令,输入阵列中的项目数,如"6";输入"填充角度",如"360",结果如图 3-28 (b)所示。图 3-28 (c)所示为"填充角度"为 180 的阵列结果。

注意:环形阵列时,"填充角度"的取值范围为 –360°~360°;项目间的角度为旋转对象之间的角度,该角度必须是正值。以上两种角度都是逆时针为正,顺时针为负。命令行当中的"旋转项目"指令用于控制生成的阵列中对象单元自身是否旋转方向,如果阵列源对象是回转元素,则该复选框可选、也可不选。

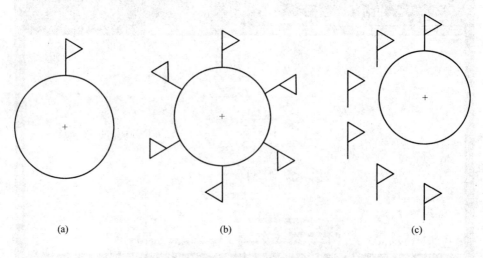

(a)　　　　　　　　　　(b)　　　　　　　　　　(c)

图 3-28　环形阵列

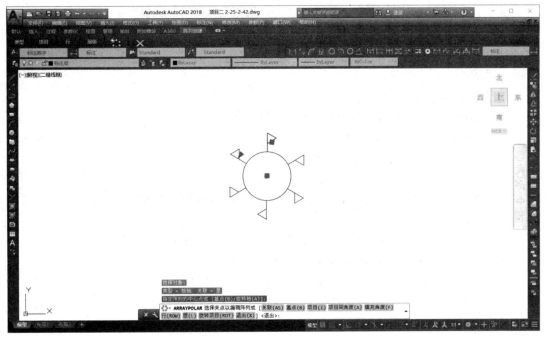

图 3-29　环形阵列预览

3.2.2　复制

1. 命令激活方式

（1）工具栏：单击修改工具栏中的"复制"图标 。

（2）下拉菜单：单击"修改→复制"命令。

（3）命令窗口：COPY（或 CO、CP）✓。

2. 操作步骤

用上述任何一种方式激活"复制"命令后，命令窗口中都会出现如下提示。

命令：copy ✓

选择对象：指定对角点：找到 3 个（选取图 3-30（a）中要复制的圆及中心线）

选择对象：✓

当前设置：复制模式 = 多个

指定基点或 [位移 (D)/ 模式 (O)] < 位移 >：（选取圆心作为基准点）

指定第二个点或 [退出 (E)/ 放弃 (U)] < 退出 >：@60，–30 ✓（给出复制后图形的基准点）

执行结果如图 3-30（b）所示。

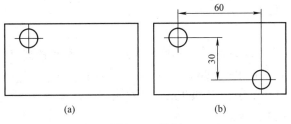

图 3-30　复制

注意:当系统提示"指定第二点"时,也可以通过移动光标来确定第二点。复制对象也可以通过右键快捷菜单实现:选择要复制的对象,在绘图区域中单击鼠标右键,打开快捷菜单;单击"复制"命令,再通过快捷菜单粘贴即可。

3.2.3 镜像

1. 命令激活方式

(1)工具栏:单击修改工具栏中的"镜像"图标⚠。

(2)下拉菜单:单击"修改"→"镜像"命令。

(3)命令窗口:MIRROR(或 MI)✓。

2. 操作步骤

用上述任何一种方式激活"镜像"命令后,命令窗口中都会出现如下提示。

命令: mirror ✓

选择对象:指定对角点:找到 6 个(选取图 3-31(a)中要镜像的线段)

选择对象:✓(按 Enter 键,结束镜像对象的选择)

指定镜像线的第一点:(拾取镜像线上的第一个点 P1)

指定镜像线的第二点:(拾取镜像线上的第二个点 P2)

要删除源对象吗? [是 (Y)/ 否 (N)] <N>:✓(按 Enter 键,默认不删除源对象)

执行结果如图 3-31(b)所示。

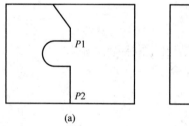
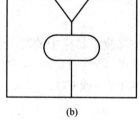

(a)　　　　　　　　　　　(b)

图 3-31　镜像

注意:镜像线由输入的两个点确定,但是镜像线不一定要真实存在。在最后的提示中,若输入"Y"后按 Enter 键,则源对象被删除。

3.3　绘制图形

3.3.1　绘制对称线

打开"正交"模式,单击绘图工具栏中的"直线"图标✏,启动绘制直线命令,绘制图形的对称线,命令窗口提示如下。

命令: line ✓

指定第一点:(在绘图区的适当位置单击确定水平对称线的起点)

指定下一点或 [放弃 (U)]: @96,0 ✓(绘制水平对称线)

指定下一点或 [放弃 (U)]: ✓(按 Enter 键结束"直线"命令)

按 Enter 键重复上述命令。

命令:

LINE 指定第一点：@–48,48 ✓（绘制铅垂对称线的起点）

指定下一点或 [放弃 (U)]：@0,–96 ✓（绘制铅垂对称线）

指定下一点或 [放弃 (U)]：✓（按 Enter 键结束"直线"命令）

绘制完成的对称线如图 3-32 所示。

3.3.2 绘制 φ86、φ70、φ30、φ12 的圆

命令：circle ✓

指定圆的圆心或 [三点 (3P)/ 两点 (2P)/ 切点、切点、半径 (T)]：（拾取对称线的交点作为圆心）

指定圆的半径或 [直径 (D)] <6.3909>：d ✓（选择直径（ D ）项）

指定圆的直径 <12.7818>：86 ✓（输入圆的直径）

按 Enter 键重复上述命令，用同样的方法依次绘制相关的圆，结果如图 3-33 所示。

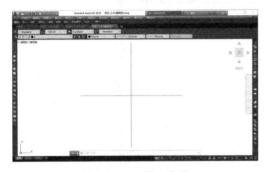
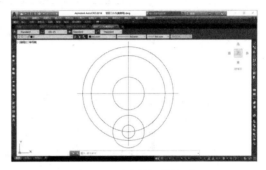

图 3-32　绘制对称线　　　　　　　　图 3-33　绘制相关的圆

3.3.3 修剪图形底端外圆上 φ30 的圆

利用修剪命令修剪图形下侧 φ30 的圆，使之成为相应的圆弧。方法同本项目 2.3.4.2，修剪结果如图 3-34 所示。

3.3.4 绘制小圆的上侧槽

1. 利用偏移命令绘制槽的轮廓线

命令：offset ✓

当前设置：删除源 = 否 图层 = 源 OFFSETGAPTYPE=0

指定偏移距离或 [通过 (T)/ 删除 (E)/ 图层 (L)] <8.0000>：20 ✓（输入偏移距离，以绘制槽的底端线）

选择要偏移的对象，或 [退出 (E)/ 放弃 (U)] < 退出 >：（拾取水平对称线）

指定要偏移的那一侧上的点，或 [退出 (E)/ 多个 (M)/ 放弃 (U)] < 退出 >：（在水平对称线的上侧单击）

选择要偏移的对象，或 [退出 (E)/ 放弃 (U)] < 退出 >：✓（退出偏移命令）

按 Enter 键重复上述命令，用同样的方法将铅垂对称线依次向左、右两侧偏移 3 个图形单位，结果如图 3-35 所示。

2. 修剪多余的线段

利用修剪命令修剪多余的线段。方法同本项目 2.3.4.2，修剪结果如图 3-36 所示。

图 3-34　修剪多余的线段

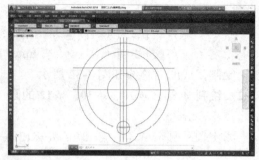
图 3-35　绘制小圆上侧的槽

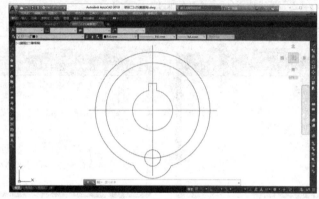
图 3-36　修剪后的图形

3.3.5　阵列圆周上的均布结构

（1）激活命令：单击"修改"→"阵列"→"环形阵列"图标 **::**。

（2）选择对象：拾取小圆和圆弧，单击鼠标右键或直接按 Enter 键。

（3）指定中心点：在绘图区中直接拾取图形对称线的交点作为中心点。

（4）将"项目总数"设置为 5，"填充角度"设置为 360，完成阵列操作，结果如图 3-37 所示。

3.3.6　使用镜像命令完成下侧槽轮廓的绘制

激活"镜像"命令，命令窗口提示如下。

命令：mirror ✓

选择对象：（拾取槽的底边和侧边，共 3 个对象）

选择对象：✓（按 Enter 键结束选择对象）

指定镜像线的第一点：（捕捉水平对称线的一个端点或交点）

指定镜像线的第二点：（捕捉水平对称线的另一个端点或交点）

要删除源对象吗？[是 (Y)/ 否 (N)] <N>：✓（按 Enter 键表示不删除源对象而完成镜像操作，此项为默认选项；若输入 Y，则删除源对象）

镜像的结果如图 3-38 所示。

然后修剪多余的线段，完成绘制，结果如图 3-39 所示。

图 3-37 环形阵列后的图形

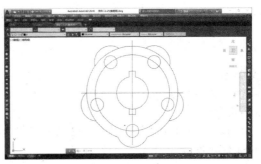

图 3-38 镜像后的图形

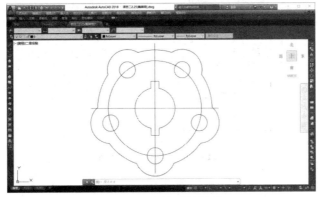

图 3-39 完成后的图形

 任务拓展

应用相关绘图和编辑命令完成图 3-40、图 3-41 的绘制。

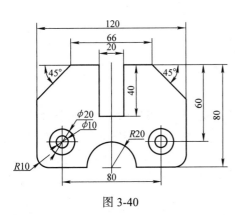

图 3-40

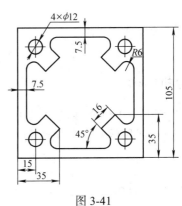

图 3-41

任务 4　圆弧连接和尺寸标注

任务引入

按 1：1 的比例绘制图 3-42 所示的图形，并标注尺寸（用同一种图线绘制图形，按默认标注样式标注尺寸）。

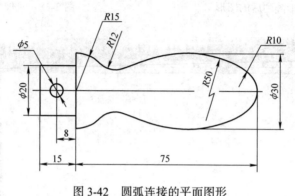

图 3-42　圆弧连接的平面图形

任务目标

（1）进一步巩固常用绘图和编辑命令的使用方法。

（2）在绘图过程中进一步熟练应用对象捕捉功能。

（3）初步掌握尺寸标注的基本方法。

任务实施

4.1　分析图形

该图形由一个圆弧连接线框和一个矩形线框组成，图中的圆弧部分可按已知线段、中间线段、连接线段的步骤依次绘制。另外，图形上下对称，为提高绘图效率，可以采用镜像命令。

4.2　相关知识点

国家标准《机械制图》对图样的尺寸标注是有相关规定的。但是，由于 AutoCAD 提供的尺寸标注是一种半自动标注，其默认的设置往往不能满足各种尺寸标注的要求。因此，用户在标注尺寸前必须通过"标注样式管理器"对话框来设置和管理标注样式。关于尺寸标注样式的设置，已经在项目 2 中讲解过，这里只介绍标注方法。

AutoCAD 提供了十几种尺寸标注命令用以测量和标注图形，使用它们可以进行线性标注、对齐标注、半径标注和角度标注等，AutoCAD 2018 的所有尺寸标注命令均可以通过工具栏、下拉菜单和命令窗口输入打开。下面介绍几种常用尺寸标注命令的使用方法。

4.2.1　线性标注

线性标注命令用于标注水平尺寸和铅垂尺寸,如图 3-43 所示。

1. 命令激活方式

（1）工具栏:单击标注工具栏中的"线性"图标⊢⊣。

（2）下拉菜单:单击"标注"→"线性"命令。

（3）命令窗口:DIMLINEAR（或 DLI ）✓。

2. 操作步骤

用上述任何一种方式激活"线性标注"命令后,命令窗口提示如下。

命令: dimlinear ✓

指定第一条延伸线原点或 <选择对象>:（指定起始点 A ）或（按鼠标右键或✓）

指定第二条延伸线原点:（指定终点 B 或者选择对象: 拾取标注对象 AB ）

指定尺寸线位置或 [多行文字 (M)/ 文字 (T)/ 角度 (A)/ 水平 (H)/ 垂直 (V)/ 旋转 (R)]:（拖动光标确定尺寸线的位置或输入选项 ）

执行结果如图 3-43 (a)所示, AB 水平长度尺寸为 60。

各选项的功能如下。

（1）"多行文字 (M)":打开"多行文字"对话框,用户可以在所标注文字的前后添加其他内容,如在尺寸数字"80"前添加"ϕ",在尺寸数字"120"前后添加括号等,如图 3-43 (b)所示。

（2）"文字 (T)":系统提示用户在命令窗口中输入文本代替系统测量值的标注文本。

（3）"角度 (A)":设置标注文本的倾斜角度。

（4）"水平 (H)/ 垂直 (V)":强制生成水平或铅垂型尺寸。

（5）"旋转 (R)":设置尺寸线的旋转角度。

4.2.2　对齐标注

对齐标注命令用于标注倾斜对象的实长,对齐标注的尺寸线平行于被标注对象,如图 3-43 (a)所示的线段 BC。

1. 命令激活方式

（1）工具栏:单击标注工具栏中的"对齐"图标🡤。

（2）下拉菜单:单击"标注"→"对齐"命令。

（3）命令窗口:DIMALIGNED（或 DAL ）✓。

2. 操作步骤

与线性标注类似。执行结果为图 3-43 (a)中线段 BC 的长度 72。

4.2.3　半径标注

半径标注命令用于标注圆或圆弧的半径,如图 3-44 所示。

1. 命令激活方式

（1）工具栏:单击标注工具栏中的"半径"图标⊙。

（2）下拉菜单:单击"标注"→"半径"命令。

（3）命令窗口:DIMRADIUS（或 DRA ）✓。

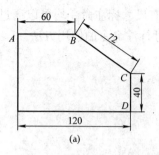

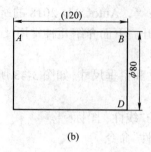

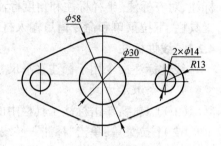

图 3-43 线性标注及对齐标注 　　　　　 图 3-44 半径和直径标注

(a)线性标注　(b)对齐标注

2. 操作步骤

用上述任何一种方式激活"半径标注"命令后,命令窗口提示如下。

命令: dimradius ⤶

选择圆弧或圆:(单击待标注的圆弧或圆)

标注文字 = 13

指定尺寸线位置或 [多行文字 (M)/ 文字 (T)/ 角度 (A)]:(拖动光标确定尺寸线的位置或输入选项)

执行结果为图 3-44 中的尺寸 *R*13。

4.2.4　直径标注

直径标注命令用于标注圆或圆弧的直径,如图 3-44 所示。

1. 命令激活方式

(1)工具栏:单击标注工具栏中的"直径" 图标◎。

(2)下拉菜单:单击"标注"→"直径"命令。

(3)命令窗口:DIMDIAMETER(或 DDI)⤶。

2. 操作步骤

与半径标注类似。执行结果为图 3-44 中的尺寸 ϕ14、ϕ30 和 ϕ58。

4.2.5　角度标注

角度标注命令用于标注圆、圆弧或两条线之间的夹角,如图 3-45 所示。

1. 命令激活方式

(1)工具栏:单击标注工具栏中的"角度" 图标△。

(2)下拉菜单:单击"标注"→"角度"命令。

(3)命令窗口:DIMANGULAR(或 DAN)⤶。

2. 操作步骤

用上述任何一种方式激活"角度标注"命令后,命令窗口提示如下。

命令: dimangular ⤶

选择圆弧、圆、直线或 <指定顶点 >:(用光标拾取圆弧、圆、直线或直接按 Enter 键)

根据响应命令提示不同,有下面四种角度标注方法。

(1)标注圆弧的圆心角,如图 3-45(a)所示。

在提示下拾取圆弧,命令窗口提示如下。

指定标注弧线位置或 [多行文字 (M)/ 文字 (T)/ 角度 (A)/ 象限点 (Q)]:(拖动光标将尺寸放置在适当的位置,单击鼠标左键完成标注)

（2）标注圆上某段圆弧的圆心角,如图 3-45（b）所示。

拾取圆(选择点即为角的第一个端点),命令窗口提示如下。

指定角的第二个端点:(指定圆上另一点)

指定标注弧线位置或 [多行文字 (M)/ 文字 (T)/ 角度 (A)/ 象限点 (Q)]:(拖动光标将尺寸放置在适当的位置,单击鼠标左键完成标注)

（3）标注两条不平行的直线的夹角,如图 3-45（c）所示。

拾取直线,命令窗口提示如下。

选择第二条直线:(拾取另一条直线对象)

指定标注弧线位置或 [多行文字 (M)/ 文字 (T)/ 角度 (A)/ 象限点 (Q)]:(拖动光标将尺寸放置在适当的位置,单击鼠标左键完成标注)

（4）根据指定的三个点标注角度。选择"角度标注"命令后直接按 Enter 键,命令窗口提示如下。

指定角的顶点:(拾取角的顶点)

指定角的第一个端点:(拾取角的第一个端点)

指定角的第二个端点:(拾取角的第二个端点)

指定标注弧线位置或 [多行文字 (M)/ 文字 (T)/ 角度 (A)/ 象限点 (Q)]:(拖动光标将尺寸放置在适当的位置,单击鼠标左键完成标注)

执行结果如图 3-45（d）所示。

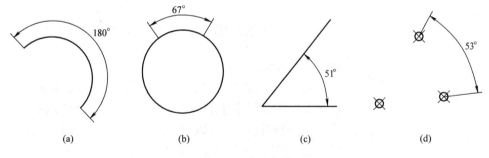

图 3-45 角度标注

4.2.6 基线标注

基线标注是以现有尺寸界线为基线,依次标注多个平行尺寸,如图 3-46（a）所示。

1. 命令激活方式

（1）工具栏:单击标注工具栏中的"基线"图标 。

（2）下拉菜单:单击"标注"→"基线"命令。

（3）命令窗口:DIMBASELINE（ 或 DBA ）。

2. 操作步骤

用上述任何一种方式激活"基线标注"命令后,命令窗口提示如下。

命令:dimbaseline

指定第二条延伸线原点或 [放弃 (U)/ 选择 (S)] < 选择 >:（拾取第二条尺寸界线的起点）

标注文字 = 90

指定第二条延伸线原点或 [放弃 (U)/ 选择 (S)] < 选择 >:（拾取第二条尺寸界线的起点）

标注文字 = 120

指定第二条延伸线原点或 [放弃 (U)/ 选择 (S)] < 选择 >: ✓（按 Enter 键结束标注）

执行结果如图 3-46 (a)所示。

4.2.7 连续标注

连续标注是一种多个尺寸首尾相连的标注。

1. 命令激活方式

（1）工具栏：单击标注工具栏中的"连续"图标⊬。

（2）下拉菜单：单击"标注"→"连续"命令。

（3）命令窗口：DIMCONTINUE（或 DCO）✓。

2. 操作步骤

与基线标注类似。标注结果如图 3-46 (b)所示。

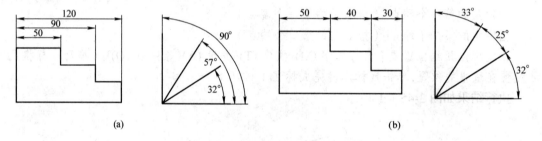

(a)　　　　　　　　　　　　　　　　(b)

图 3-46　基线标注与连续标注

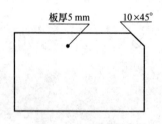

图 3-47　引线标注

4.2.8 引线标注

利用该功能不仅可以标注特定的尺寸,如圆角、倒角等,还可以实现在图中添加多行旁注、说明等。在引线标注中,引线可以是折叠的,也可以是曲线,指引线端部可以有箭头,也可以没有箭头,如图 3-47 所示。

1. 命令激活方式

命令窗口：QLEADER（或 LE）✓。

2. 操作步骤

激活命令后,命令窗口提示如下。

指定第一个引线点或 [设置 (S)] < 设置 >: s ✓（打开"引线设置"对话框,如图 3-48(a)所示。在对话框的"注释"选项卡中选中"多行文字"选项;在"引线和箭头"选项卡中, "引线"项选"直线", "箭头"项可以根据实际需要选择箭头、点或无等, "角度约束"项"第一段"根据引线方向设置, "第二段"一般设置为"水平",如图 3-48 (b)所示;在"附着"选项卡中选中"最后一行加下划线"项,如图 3-48 (c)所示。设置完毕后单击"确定"按钮,回到绘图区）

指定第一个引线点或 [设置 (S)] < 设置 >:（捕捉引线的起点）

指定下一点:(将鼠标移动到合适的位置单击,确定文本标注的位置)

指定下一点: 0.2(输入水平线段的长度,该线段要尽可能短一些)

指定文字宽度 <0.0000>: ✓(按 Enter 键)

输入注释文字的第一行 < 多行文字 (M)>:(输入要标注的文本,如"10×45%%d"或"板厚 5 mm"等)

输入注释文字的下一行: ✓(按 Enter 键)

执行结果如图 3-47 所示。

注意:使用下拉菜单栏"标注"中的"多重引线"标注时,首先要使用"MLEADER-STYLE"命令打开"多重引线管理器"对话框进行引线标注样式的设置,并置为当前,之后才能启用"多重引线"标注。

(a)

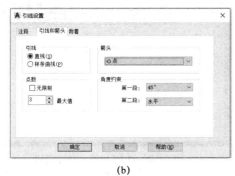

(b)

(c)

图 3-48 "引线设置"对话框

(a)"注释"选项卡　(b)"引线和箭头"选项卡　(c)"附着"选项卡

4.3 绘制图形

4.3.1 绘制对称线及基准线

打开"正交"模式,单击绘图工具栏中的"直线"图标 ✎,启动绘制"直线"命令,绘制图形的对称线及基准线,命令窗口提示如下。

命令: line ✓

指定第一点:(在绘图区的适当位置单击鼠标左键确定水平对称线的起点)

指定下一点或 [放弃 (U)]: 100 ✓(绘制水平对称线)

指定下一点或 [放弃 (U)]: ✓(按 Enter 键结束直线命令)

然后按 Enter 键重复上述命令。

命令：

LINE 指定第一点：@-80,15 ✓（确定铅垂基准线的起点）

指定下一点或 [放弃 (U)]：@0,-30 ✓（绘制铅垂基准线）

指定下一点或 [放弃 (U)]：✓（按 Enter 键结束直线命令）

绘制完成的图形的水平对称线和轴向基准线如图 3-49 所示。

4.3.2 绘制左侧上方的已知线段

使用"偏移""修剪"编辑功能和"圆"绘图命令，绘制出左侧上方的三段直线和 $\phi 5$ 的小圆。

命令：offset ✓

当前设置：删除源 = 否 图层 = 源 OFFSETGAPTYPE=0

指定偏移距离或 [通过 (T)/ 删除 (E)/ 图层 (L)] < 通过 >：8 ✓（输入偏移距离 8）

选择要偏移的对象，或 [退出 (E)/ 放弃 (U)] < 退出 >：（拾取轴向基准线）

指定要偏移的那一侧上的点，或 [退出 (E)/ 多个 (M)/ 放弃 (U)] < 退出 >：（单击基准线左侧任意一点）

选择要偏移的对象，或 [退出 (E)/ 放弃 (U)] < 退出 >：✓

按 Enter 键重复上述命令，继续将轴向基准线向左偏移 15，将水平对称线向上偏移 10，然后绘制 $\phi 5$ 的小圆，结果如图 3-50 所示。

使用"修剪"命令修剪相应的线段，结果如图 3-51 所示。

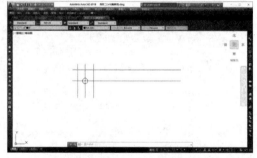

图 3-49　绘制对称线及基准线　　　　图 3-50　绘制左侧上方的图形

4.3.3 绘制右侧上方的图形

1. 绘制 $R15$、$R10$ 的已知圆弧

命令：circle ✓

指定圆的圆心或 [三点 (3P)/ 两点 (2P)/ 切点、切点、半径 (T)]：（拾取水平对称线与轴向基准线的交点）

指定圆的半径或 [直径 (D)] <2.5000>：15 ✓

按 Enter 键重复上述命令。

命令：

CIRCLE 指定圆的圆心或 [三点 (3P)/ 两点 (2P)/ 切点、切点、半径 (T)]：@65,0（输入 $R10$ 的圆弧的圆心）

指定圆的半径或 [直径 (D)] <15.0000>：10 ✓

结果如图 3-52 所示。

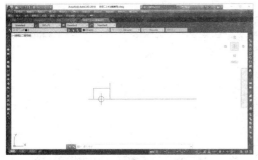

图 3-51　修剪后左侧上方的图形

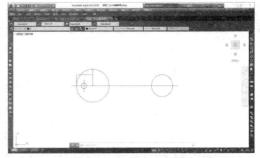

图 3-52　绘制圆弧 *R*15、*R*10 所在的圆

2. 绘制中间的 *R*50 的圆弧

（1）绘制圆弧的水平切线。

命令：offset ✓

当前设置：删除源 = 否　图层 = 源　OFFSETGAPTYPE=0

指定偏移距离或 [通过 (T)/ 删除 (E)/ 图层 (L)] <10.0000>：15 ✓（输入偏移距离）

选择要偏移的对象，或 [退出 (E)/ 放弃 (U)] < 退出 >：（拾取水平对称线）

指定要偏移的那一侧上的点，或 [退出 (E)/ 多个 (M)/ 放弃 (U)] < 退出 >：（在水平对称线的上方单击）

选择要偏移的对象，或 [退出 (E)/ 放弃 (U)] < 退出 >：✓（按 Enter 键结束命令）

（2）绘制 *R*50 的圆弧所在的圆。

命令：circle ✓

指定圆的圆心或 [三点 (3P)/ 两点 (2P)/ 切点、切点、半径 (T)]：t ✓（选择切点、切点、半径的方式画圆）

指定对象与圆的第一个切点：_tan 到（在偏移后的直线上捕捉第一个切点）

指定对象与圆的第二个切点：_tan 到（在 *R*10 的小圆上方捕捉第二个切点）

指定圆的半径 <10.0000>：50 ✓（输入中间圆弧的半径）

结果如图 3-53 所示。

3. 绘制 *R*12 的连接圆弧

命令：_circle 指定圆的圆心或 [三点 (3P)/ 两点 (2P)/ 切点、切点、半径 (T)]：t ✓（选择切点、切点、半径的方式画圆）

指定对象与圆的第一个切点：（在 *R*15 的圆的右上方捕捉第一个切点）

指定对象与圆的第二个切点：（在 *R*50 的圆的左上方捕捉第二个切点）

指定圆的半径 <50.0000>：12 ✓（输入连接圆弧的半径）

结果如图 3-54 所示。

4. 修剪多余的线段

命令：trim ✓

当前设置：投影 =UCS，边 = 无

选择剪切边 …

选择对象或 < 全部选择 >：找到 1 个（点选轴向基准线作为第一条剪切边）

选择对象：找到 1 个，总计 2 个（点选 *R*12 的连接圆弧作为第二条剪切边）

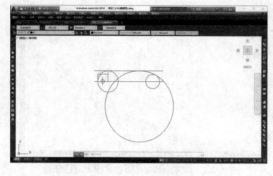

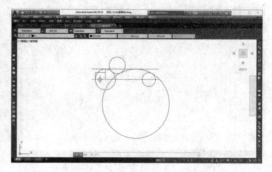

图 3-53 绘制 R50 的圆弧所在的圆   图 3-54 绘制 R12 的圆弧所在的圆

选择对象：✓（单击鼠标右键完成剪切边的选择）

选择要修剪的对象，或按住 Shift 键选择要延伸的对象，或

[栏选 (F)/ 窗交 (C)/ 投影 (P)/ 边 (E)/ 删除 (R)/ 放弃 (U)]：（单击鼠标左键选取 R15 的圆上应修剪掉的圆弧）

采用同样的方法修剪其他几处多余的圆弧，结果如图 3-55 所示。

4.3.4 使用镜像命令完成图形的绘制

命令：mirror ✓

选择对象：指定对角点：找到 7 个（选中上方轮廓中需镜像的线段）

选择对象：✓（单击鼠标右键确认）

指定镜像线的第一点：（点选水平对称线上的一个端点或交点）

指定镜像线的第二点：（点选水平对称线上的另一个端点或交点）

要删除源对象吗？[是 (Y)/ 否 (N)]<N>：✓（按 Enter 键确认不删除源对象，结束镜像命令）

绘制完成的图形如图 3-56 所示。

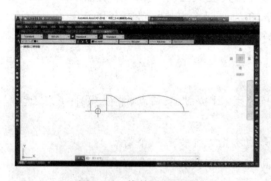

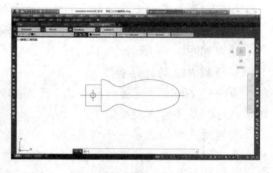

图 3-55 修剪后的图形   图 3-56 镜像后的图形

4.4 标注尺寸

4.4.1 标注线性尺寸

1. 标注尺寸 $\phi 20$、$\phi 30$ 和 8

命令：dimlinear ✓

指定第一条延伸线原点或 <选择对象>：（捕捉左侧矩形的左上方角点）

指定第二条延伸线原点：（捕捉左侧矩形的左下方角点）

指定尺寸线位置或 [多行文字 (M)/ 文字 (T)/ 角度 (A)/ 水平 (H)/ 垂直 (V)/ 旋转 (R)]：t ✓（选择"文字"选项）

输入标注文字 <20>：%%c20 ✓（将尺寸标注内容修改为 ϕ 20）

指定尺寸线位置或 [多行文字 (M)/ 文字 (T)/ 角度 (A)/ 水平 (H)/ 垂直 (V)/ 旋转 (R)]：✓（在适当的位置单击鼠标左键，确定尺寸线位置。）

标注文字 = 20

继续执行"线性"标注命令，完成线性尺寸 ϕ 30、8 的标注，如图 3-57（a）所示。

2. 标注尺寸 15 和 75

命令：dimbaseline ✓（激活"基线标注"命令）

指定第二条延伸线原点或 [放弃 (U)/ 选择 (S)] < 选择 >：（捕捉左侧矩形的左下方角点）

标注文字 = 15

指定第二条延伸线原点或 [放弃 (U)/ 选择 (S)] < 选择 >：✓（按 Enter 键）

选择基线标注：✓（按 Enter 键结束基线标注）

命令：dimcontinue ✓（激活"连续标注"命令）

指定第二条延伸线原点或 [放弃 (U)/ 选择 (S)] < 选择 >：（单击尺寸 15 右侧的尺寸界线）

标注文字 = 15

指定第二条延伸线原点或 [放弃 (U)/ 选择 (S)] < 选择 >：（捕捉 R10 的圆弧最右侧的端点）

标注文字 = 75

指定第二条延伸线原点或 [放弃 (U)/ 选择 (S)] < 选择 >：✓（按 Enter 键）

选择连续标注：✓（按 Enter 键结束，连续标注）

执行"基线标注"和"连续标注"命令后，可完成线性尺寸 15、75 的标注，如图 3-57（b）所示。

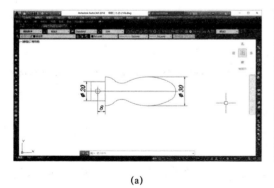

(a)

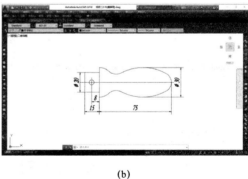

(b)

图 3-57 线性尺寸的标注

4.4.2 标注直径和半径尺寸

1. 标注直径尺寸

命令：dimdiameter ✓

选择圆弧或圆：（拾取左侧矩形内部的小圆）

标注文字 = 5

指定尺寸线位置或 [多行文字 (M)/ 文字 (T)/ 角度 (A)]：（移动鼠标至合适的位置,单击左键）

标注结果如图 3-58 所示。

2. 标注半径尺寸

命令：dimradius ✓

选择圆弧或圆：（拾取 R15 的已知圆弧）

标注文字 = 15

指定尺寸线位置或 [多行文字 (M)/ 文字 (T)/ 角度 (A)]：（移动鼠标至合适的位置,单击左键）

采用同样的方法可完成 R10 的已知圆弧和 R12 的连接圆弧标注,如图 3-58 所示。

3. 标注"折弯"半径尺寸

命令：dimjogged ✓

选择圆弧或圆：（拾取 R50 的中间圆弧）

指定图示中心位置：（拾取半径标注的起点）

标注文字 = 50

指定尺寸线位置或 [多行文字 (M)/ 文字 (T)/ 角度 (A)]：（在合适的位置单击鼠标左键,确定尺寸线的位置）

指定折弯位置：（在适当的位置单击鼠标左键,确定折弯的位置）

标注结果如图 3-59 所示。

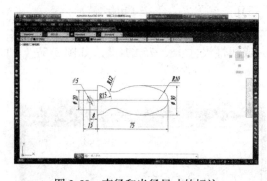 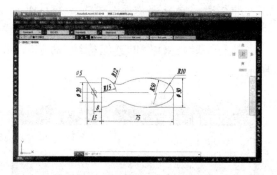

图 3-58　直径和半径尺寸的标注　　　　图 3-59　"折弯"半径尺寸的标注

4.5　保存图形

单击标准工具栏中的"保存"图标 💾 ,弹出"图形另存为"对话框。在"图形另存为"对话框中选择好保存位置,并输入文件的名称,然后单击"保存"按钮。

 任务拓展

完成图 3-60、图 3-61 的绘制,并标注尺寸。

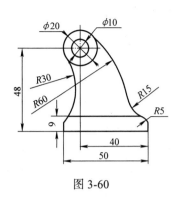

图 3-60

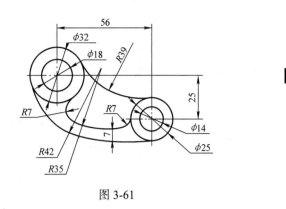

图 3-61

思考与练习

一、思考题

（1）绘制直线、圆、正多边形和矩形的命令分别是什么？各有几种激活命令的方式？

（2）常用的选择操作对象的方法有哪几种？

（3）通过键盘输入命令后，应该按哪些键系统才会接受命令？

（4）使用"修剪"命令，当系统要求选择对象时，应该先选择什么？后选择什么？

（5）"偏移"命令是一个单对象编辑命令，在使用过程中只能以哪种方式选择对象？

（6）"打断"和"修剪"命令有哪些不同？

（7）"对象捕捉"有几种形式？如何操作？

（8）"阵列""复制"和"镜像"命令有哪些相同和不同之处？

（9）标注倾斜直线段的长度，应该选用哪种标注？

（10）进行角度标注时，应在标注样式中文字选项的文字对齐区选择哪一项？

二、练习题

绘制如下图形，并按标注样式的初始设定标注尺寸。

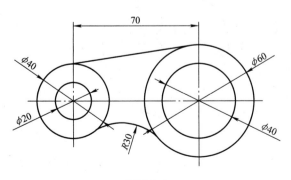

题图 3-1

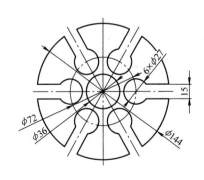

题图 3-2

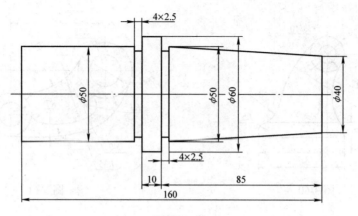

题图 3-3

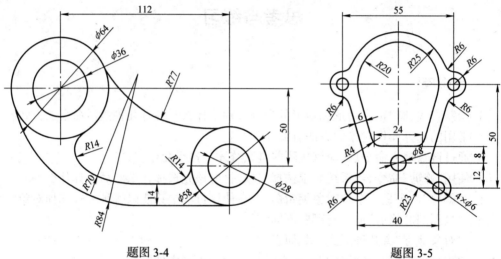

题图 3-4

题图 3-5

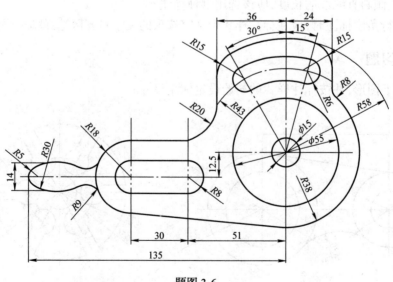

题图 3-6

项目 4　绘制三视图

该项目以典型图例为载体,通过图例的绘制来介绍如何用 AutoCAD 绘制组合体三视图;并使读者进一步巩固绘图环境的设置方法,学习剖面线的填充方法等,掌握用 Auto-CAD 绘制三视图的基本方法。

任务 1　三视图的绘图步骤

 任务引入

三视图是在使用常用绘图和编辑命令绘制平面图形的基础上,按照"长对正、高平齐、宽相等"的投影关系绘制的。那么,在用 AutoCAD 绘制三视图的过程中,如何确保"三等关系"呢?

 任务目标

（1）掌握用 AutoCAD 绘制简单的三视图的方法及步骤。
（2）进一步练习各种绘图及编辑命令的应用。
（3）掌握 AutoCAD 中构造线命令的使用。
（4）熟悉图层、线型、颜色、线宽、图形界限的设置方法。
（5）进一步熟悉对象捕捉、对象追踪等辅助工具的应用。

 任务实施

用 AutoCAD 绘制三视图和手工绘制三视图的要求相同,绘图方法也基本相同。绘制三视图时,需熟练运用构造线搭建三视图之间"长对正、高平齐、宽相等"的三等关系,灵活运用对象捕捉、对象追踪等辅助工具提高作图速度。

案例:请按 1∶1 的比例抄画图 4-1 所示的三视图,要求三视图符合投影关系,不标注尺寸。

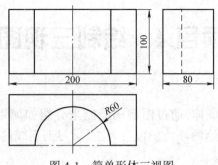

图 4-1　简单形体三视图

1.1　看懂三视图

绘图前首先要看懂并分析所绘图形，以确定绘图步骤。

上述三视图表示的是一个长度为 200 mm，宽度为 80 mm，高度为 100 mm 的长方体，并在其正前方挖去一个半径为 50 mm 的半圆柱。

1.2　设置绘图环境

1.2.1　新建图形文件

单击文件管理工具栏中的"新建"图标 ![](（或单击控制图标），选择"文件"→"新建"命令），新建一个图形文件。在文件名右侧的"打开"选项卡中选择公制。

1.2.2　设置图形界限

在命令窗口中输入 limits，提示如下。

命令：limits ↙

重新设置模型空间界限：

指定左下角点或 [开 (ON)/ 关 (OFF)] <0.0000,0.0000>：0,0 ↙（设置图形界限的左下角点）

指定右上角点 <420.0000,297.0000>：210,297 ↙（设置图形界限的右上角点）

1.2.3　设置图层

单击图层工具栏中的"图层特性管理器"图标 ![，系统将打开"图层特性管理器"对话框，单击"新建"按钮，创建如图 4-2 所示的四个图层。

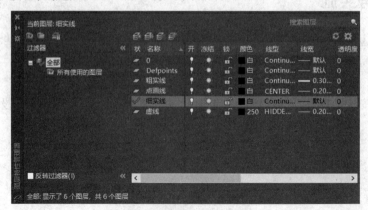

图 4-2　图层特性管理器

1.3　保存图形

用 QSAVE 命令保存图形,图名为"组合体三视图(一)"。

1.4　绘制图形

1.4.1　绘制图形的中心线

将"点画线"层设为当前层,用绘制"直线"命令绘制中心线。命令窗口提示如下。

命令:_line 指定第一点:(在绘图区的适当位置单击鼠标左键,确定中心线的起点)

指定下一点或[放弃(U)]:210✓(画铅垂线,长度为210。该直线为主、俯视图在长度方向的基准线)

指定下一点或[放弃(U)]:(按 Enter 键结束)

绘制完成的中心线如图4-3所示。

1.4.2　绘制长方体的三视图

(1)将"粗实线"层设为当前层,用"构造线"命令及其中的"偏移"选项完成水平线的绘制。命令窗口提示如下。

命令:_xline 指定点或[水平(H)/垂直(V)/角度(A)/二等分(B)/偏移(O)]:h✓(绘制水平线)

指定通过点:(在适当的位置单击鼠标左键,为提高绘图速度,暂不考虑构造线距中心线端部的距离,待图形绘制完后调整中心线的长度即可)

指定通过点:(单击鼠标右键结束命令)

命令:_xline 指定点或[水平(H)/垂直(V)/角度(A)/二等分(B)/偏移(O)]:o✓(偏移构造线)

指定偏移距离或[通过(T)]<通过>:100✓(输入偏移距离)

选择直线对象:(拾取刚才绘制的构造线)

指定向哪侧偏移:(在刚才绘制的构造线下方单击鼠标左键)

选择直线对象:(单击鼠标右键结束命令)

命令:_xline 指定点或[水平(H)/垂直(V)/角度(A)/二等分(B)/偏移(O)]:o✓(偏移构造线)

指定偏移距离或[通过(T)]<100.0000>:20✓(主、俯视图之间的距离,数值根据需要自定即可)

选择直线对象:(拾取刚才偏移之后的构造线)

指定向哪侧偏移:(向下偏移)

选择直线对象:(单击鼠标右键结束命令)

命令:_xline 指定点或[水平(H)/垂直(V)/角度(A)/二等分(B)/偏移(O)]:o✓(偏移构造线)

指定偏移距离或[通过(T)]<20.0000>:80✓

选择直线对象:(拾取刚才偏移之后的构造线)

指定向哪侧偏移:(向下偏移)

选择直线对象:(单击鼠标右键结束命令)

所绘水平构造线如图 4-4 所示。

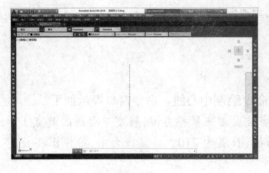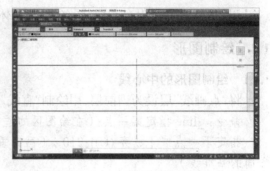

图 4-3　绘制中心线　　　　　　　　　　图 4-4　绘制水平构造线

（2）继续用"构造线"命令及其中的"偏移"选项完成铅垂线的绘制。命令窗口提示如下。

命令：_xline 指定点或 [水平 (H)/ 垂直 (V)/ 角度 (A)/ 二等分 (B)/ 偏移 (O)]：o ✓（偏移构造线）

指定偏移距离或 [通过 (T)] <80>：100 ✓

选择直线对象：(拾取长度基准线)

指定向哪侧偏移：(单击基准线左侧任意一点,向长度基准线左侧偏移)

选择直线对象：(拾取长度基准线)

指定向哪侧偏移：(单击基准线右侧任意一点,向长度基准线右侧偏移)

选择直线对象：(单击鼠标右键结束命令)

命令：_xline 指定点或 [水平 (H)/ 垂直 (V)/ 角度 (A)/ 二等分 (B)/ 偏移 (O)]：o ✓（偏移构造线）

指定偏移距离或 [通过 (T)] <100>：20 ✓（主、左视图之间的距离,数值根据需要自定即可)

选择直线对象：(拾取最右侧的构造线)

指定向哪侧偏移：(单击构造线右侧任意一点,向右侧偏移)

选择直线对象：(单击鼠标右键结束命令)

命令：_xline 指定点或 [水平 (H)/ 垂直 (V)/ 角度 (A)/ 二等分 (B)/ 偏移 (O)]：o ✓（偏移构造线）

指定偏移距离或 [通过 (T)] <20>：80 ✓

选择直线对象：(拾取最右侧的构造线)

指定向哪侧偏移：(向右侧偏移)

选择直线对象：(单击鼠标右键结束命令)

所绘铅垂构造线如图 4-5 所示。

（3）用"修剪"和"删除"命令整理图形,形成长方体的三视图,如图 4-6 所示。

图 4-5　绘制铅垂构造线

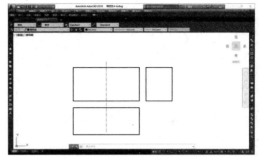

图 4-6　修剪后长方体的三视图

1.4.3　绘制半圆柱孔的三视图

在绘制半圆柱孔之前,先利用"延伸""修剪""移动"命令将中心线调整至合适的位置,然后在俯视图上绘制半径为 50 的圆,再过圆与轮廓线的交点绘制铅垂线,并用"修剪"命令进行必要的修剪。

1. 绘制半圆柱孔的主、俯视图

命令窗口提示如下。

命令:_circle 指定圆的圆心或 [三点 (3P)/ 两点 (2P)/ 切点、切点、半径 (T)]:(拾取长度基准线与前轮廓线的交点作为圆心)

指定圆的半径或 [直径 (D)]:50 ✓(绘制半径为 50 的圆)

命令:_line 指定第一点:(拾取圆与前轮廓线的交点)

指定下一点或 [放弃 (U)]:(绘制高于主视图的铅垂线)

指定下一点或 [放弃 (U)]:(单击鼠标右键结束命令)

命令:_line 指定第一点:(拾取圆与前轮廓线的另一个交点)

指定下一点或 [放弃 (U)]:(绘制高于主视图的铅垂线)

指定下一点或 [放弃 (U)]:(单击鼠标右键结束命令)

所绘制半圆柱孔的主、俯视图如图 4-7 所示。

2. 绘制半圆柱孔的左视图

左视图中圆孔后侧的转向轮廓线,不可见,应绘制为虚线。

将"虚线"层设为当前层,用"构造线"命令中的"偏移"选项完成左视图中虚线的绘制。命令窗口提示如下。

命令:_xline 指定点或 [水平 (H)/ 垂直 (V)/ 角度 (A)/ 二等分 (B)/ 偏移 (O)]:o ✓(偏移构造线)

指定偏移距离或 [通过 (T)] <80>:50 ✓

选择直线对象:(拾取左视图右侧的轮廓线)

指定向哪侧偏移:(向左侧偏移)

选择直线对象:(单击鼠标右键结束命令)

所绘制半圆柱孔的左视图如图 4-8 所示。

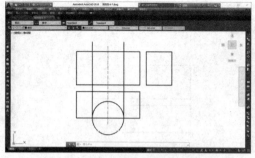

图 4-7　绘制半圆柱孔的主、俯视图

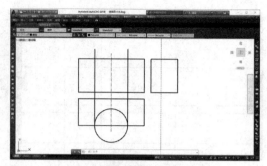

图 4-8　绘制半圆柱孔的左视图

然后用"修剪"命令整理图形，并添加俯视图上所缺的圆的中心线，所绘图形如图 4-9 所示。

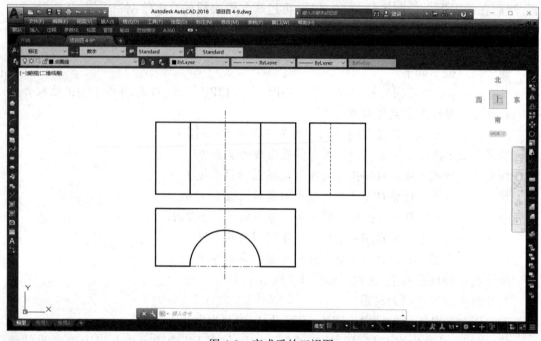

图 4-9　完成后的三视图

1.4.4　检查修改，存盘

上述按形体分析法绘制图形的步骤，仅是为计算机绘图初学者提供的一种绘图参考，并不是唯一的绘图方式。操作熟练后，也可以按照先绘制主视图，再绘制俯视图和左视图的步骤进行。制图者可以根据自己对各种绘图、编辑和控制等命令的熟练程度，选择采用哪种绘图方式来绘制图形，以提高绘图速度。

任务拓展

按 1 : 1 的比例，抄画图 4-10 所示的组合体三视图，无须标注尺寸。

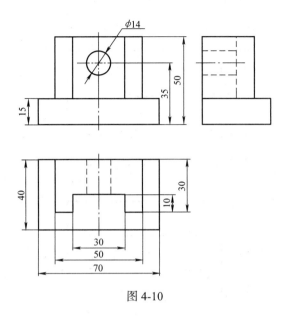

图 4-10

任务 2　组合体三视图的绘制

任务引入

在用 AutoCAD 绘制三视图的过程中,已知两视图,如何补画第三视图呢?

任务目标

(1)掌握用 AutoCAD 补画组合体的第三视图的方法。

(2)掌握合理利用辅助线准确、高效地绘制三视图的方法。

(3)进一步巩固设置绘图环境的方法。

(4)提高对绘图功能及图形编辑功能的应用能力。

任务实施

已知组合体的两视图,补画第三视图,是制图员考试中常见的题型,也是锻炼空间想象力的一种手段。其绘图方法与手工绘图基本相同,采用形体分析法,先想象出组合体的结构形状,再运用"长对正、高平齐、宽相等"的投影关系补画出第三视图。

案例:请按 1:1 的比例抄画图 4-11 所示的两视图,补画左视图,并标注尺寸。

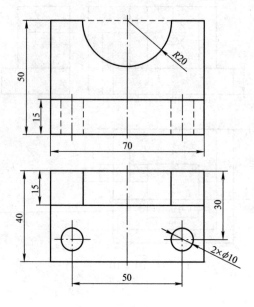

图 4-11　组合体两视图

2.1　看懂两视图

通过形体分析可以看出,该组合体由一个长方体底板和一个长方体竖板构成,底板的尺寸是:长 70 mm,宽 40 mm,高 15 mm,并带有两个直径为 10mm 的通孔。竖板的尺寸是:长 70 mm,宽 15 mm,高 35 mm,并挖去一个半径为 20 mm 的半圆柱。

2.2　设置绘图环境

2.2.1　新建图形文件

单击文件管理工具栏中的"新建"图标 □(或单击控制图标 ▊,选择"文件"→"新建"命令),新建一个图形文件。在文件名右侧的"打开"选项卡中选择公制。

2.2.2　设置图形界限

在命令窗口中输入 limits,提示如下。

命令:limits ✓

重新设置模型空间界限:

指定左下角点或 [开 (ON)/ 关 (OFF)] <0.0000,0.0000>:0,0 ✓(设置图形界限的左下角点)

指定右上角点 <210.0000,297.0000>:210,297 ✓(设置图形界限的右上角点)

2.2.3　设置图层

单击图层工具栏中的"图层特性管理器"图标 ▤,系统将打开"图层特性管理器"对话框,单击"新建"按钮,创建如图 4-12 所示的五个图层。

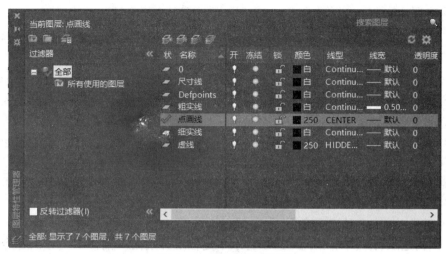

图 4-12　图层特性管理器

2.3　保存图形

用 QSAVE 命令保存图形,图名为"组合体三视图(二)"。

2.4　绘制图形

2.4.1　绘制主视图

1.绘制主视图中的定位线

将"点画线"层设为当前层,用"直线"命令绘制作图定位线。命令窗提示如下。

命令:_line 指定第一点:(在绘图区的适当位置单击,确定定位线的起点)

指定下一点或 [放弃 (U)]:40 ✓(画水平线,长度为 40)

指定下一点或 [放弃 (U)]:✓(结束命令)

如此完成水平定位线的绘制。

重复"直线"命令,完成铅垂定位线的绘制,如图 4-13 所示。

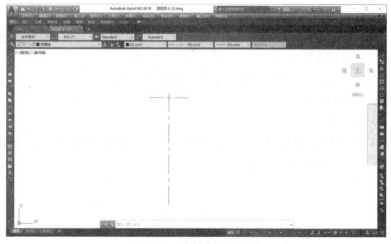

图 4-13　绘制作图定位线

2. 绘制主视图中的直线轮廓

将"粗实线"层设为当前层,用"构造线"命令中的"偏移"选项构建主视图中的轮廓线。命令窗口提示如下。

命令:_xline 指定点或 [水平 (H)/ 垂直 (V)/ 角度 (A)/ 二等分 (B)/ 偏移 (O)]: o ✓(选择"偏移"选项)

指定偏移距离或 [通过 (T)]< 通过 >:35 ✓(输入偏移距离 35)

选择直线对象:(拾取铅垂定位线)

指定向哪侧偏移:(在铅垂定位线右侧单击)

选择直线对象:(拾取铅垂定位线)

指定向哪侧偏移:(在铅垂定位线左侧单击)

选择直线对象:✓(结束命令)

重复"构造线"命令,用"偏移"选项将水平定位线分别向下偏移 50 和 35,命令窗口提示如下。

命令:_xline 指定点或 [水平 (H)/ 垂直 (V)/ 角度 (A)/ 二等分 (B)/ 偏移 (O)]: o ✓(选择"偏移"选项)

指定偏移距离或 [通过 (T)] <35.0000>:50 ✓(输入偏移距离 50)

选择直线对象:(拾取水平定位线)

指定向哪侧偏移:(在水平定位线下侧单击)

选择直线对象:✓(结束命令)

命令:_xline 指定点或 [水平 (H)/ 垂直 (V)/ 角度 (A)/ 二等分 (B)/ 偏移 (O)]: o ✓(选择"偏移"选项)

指定偏移距离或 [通过 (T)] <50.0000>:35 ✓(输入偏移距离 35)

选择直线对象:(拾取水平定位线)

指定向哪侧偏移:(在水平定位线下侧单击)

选择直线对象:✓(结束命令)

图 4-14 所示为完成后的图形。

3. 绘制主视图中的圆弧轮廓

单击绘图工具栏中的"圆"图标⊙·,命令窗口提示如下。

命令:_circle 指定圆的圆心或 [三点 (3P)/ 两点 (2P)/ 切点、切点、半径 (T)]:(拾取水平和铅垂定位线的交点作为圆心)

指定圆的半径或 [直径 (D)]:20 ✓(绘制半径为 20 的圆)

所绘图形如图 4-15 所示。

4. 修剪多余的线条

单击编辑工具栏中的"修剪"图标╱,按照命令窗口中的提示完成多余线条的修剪。剪切后的图形如图 4-16 所示。

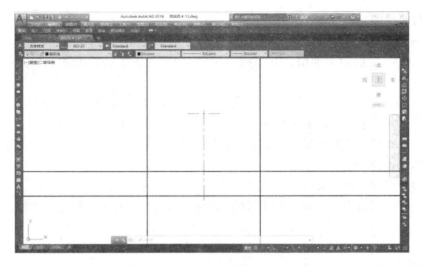

图 4-14　绘制主视图中的轮廓线（一）

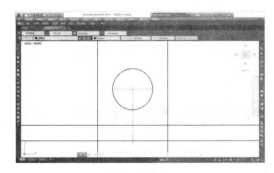

图 4-15　绘制主视图中的轮廓线（二）

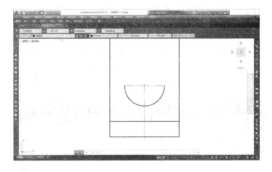

图 4-16　绘制主视图中的轮廓线（三）

5. 绘制主视图中的竖板轮廓

用"直线"命令将主视图中竖板上侧的轮廓线补齐，并进行必要的修剪。完成后的图形如图 4-17 所示。

6. 绘制主视图中的底板小孔

分别将"点画线"层和"虚线"层设为当前层，用"构造线"命令和"修剪"命令完成底板小孔主视图的绘制，如图 4-18 所示。

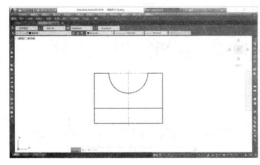

图 4-17　绘制主视图中的轮廓线（四）

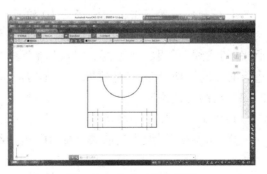

图 4-18　完成后的主视图

2.4.2　绘制俯视图

1. 绘制长度基准线

将"点画线"层设为当前层，用"直线"命令绘制俯视图中的长度基准线。命令窗口提示如下。

命令：_line 指定第一点：✓（拾取主视图中的对称线的下端点）

指定下一点或 [放弃 (U)]:60 ✓（绘制长度为 60 的中心线）

指定下一点或 [放弃 (U)]:✓（结束命令）

结果如图 4-19 所示。

2. 绘制俯视图中的轮廓线

将"粗实线"层设为当前层，用"构造线"命令中的"偏移"选项来绘制轮廓线。命令窗口提示如下。

命令：_xline 指定点或 [水平 (H)/ 垂直 (V)/ 角度 (A)/ 二等分 (B)/ 偏移 (O)]: o ✓

指定偏移距离或 [通过 (T)] <15.0000>:（主、俯视图之间的距离）

选择直线对象：（点取主视图底边轮廓线）

指定向哪侧偏移：（主视图下方）

选择直线对象：✓（结束命令）

采用同样的方法，继续用"构造线"命令中的"偏移"选项完成其他轮廓线的绘制，如图 4-20 所示。

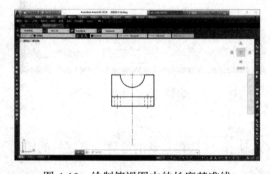

图 4-19　绘制俯视图中的长度基准线

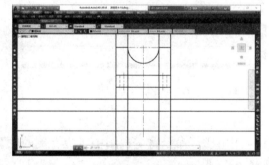

图 4-20　绘制俯视图中的轮廓线（一）

3. 修剪多余的线

修剪多余的线条，得到俯视图中的主要轮廓线，如图 4-21 所示。

4. 绘制底板俯视图上的直径为 10 的两个圆

首先将"点画线"层设为当前层，用"构造线"命令中的"偏移"选项绘制圆的中心线。然后将"粗实线"层设为当前层，用"圆"命令绘制 2 个直径为 10 的圆。最后对小圆的中心线进行必要的修剪，完成的俯视图如图 4-22 所示。

2.4.3　绘制左视图

1. 绘制左视图中的轮廓线

将"粗实线"层设为当前层，继续用"构造线"命令绘制轮廓线。命令窗口提示如下。

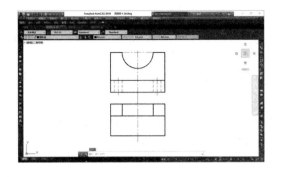

图 4-21　绘制俯视图中的轮廓线(二)

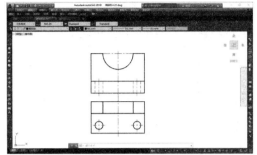

图 4-22　绘制俯视图中的轮廓线(三)

（1）偏移铅垂构造线。

命令：_xline 指定点或 [水平 (H)/ 垂直 (V)/ 角度 (A)/ 二等分 (B)/ 偏移 (O)]:o ✓

指定偏移距离或 [通过 (T)] <25.0000>:15（主、左视图之间的距离）

选择直线对象:(拾取主视图中的右轮廓线)

指定向哪侧偏移:(向主视图的右侧偏移)

选择直线对象:✓(结束命令)

采用同样的方法将刚刚偏移的构造线分别向右偏移 15 和 40 个图形单位,如图 4-23（a）所示。

（2）绘制水平构造线。

命令：_xline 指定点或 [水平 (H)/ 垂直 (V)/ 角度 (A)/ 二等分 (B)/ 偏移 (O)]:h ✓（绘制水平构造线）

指定通过点:(依据"高平齐"的投影关系,用鼠标捕捉主视图的右上角点,单击)

指定通过点:(依据"高平齐"的投影关系,用鼠标捕捉主视图中底板顶面右侧轮廓线的交点,单击)

指定通过点:(依据"高平齐"的投影关系,用鼠标捕捉主视图的右下角点,单击)

指定通过点:✓(结束命令)

偏移后的图形如图 4-23（b）所示。

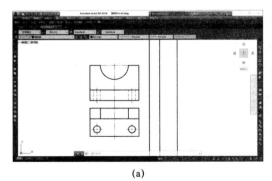

(a)

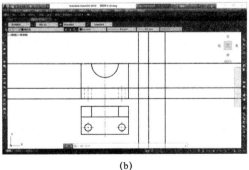

(b)

图 4-23　绘制左视图(一)

2. 修剪多余的线条

修剪多余的线条,结果如图 4-24 所示。

3. 绘制孔中心线的左视图

将"点画线"层设为当前层,用"构造线"命令中的"偏移"选项绘制孔中心线的左视图。命令窗口提示如下。

命令:_xline 指定点或 [水平 (H)/ 垂直 (V)/ 角度 (A)/ 二等分 (B)/ 偏移 (O)]:o ✓

指定偏移距离或 [通过 (T)] < 通过 >:30 (孔中心线到组合体后侧的距离)

选择直线对象:(拾取左视图中表示组合体后侧的图线)

指定向哪侧偏移:(向左视图的右侧偏移)

选择直线对象:✓ (结束命令)

结果如图 4-25 所示。

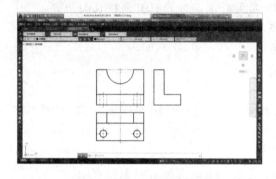
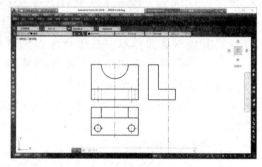

图 4-24 绘制左视图(二)　　　　图 4-25 绘制左视图(三)

4. 添加虚线

将"虚线"层设为当前层,用"构造线"命令中的"偏移"选项绘制左视图中的虚线。命令窗口提示如下。

命令:_xline 指定点或 [水平 (H)/ 垂直 (V)/ 角度 (A)/ 二等分 (B)/ 偏移 (O)]:o ✓

指定偏移距离或 [通过 (T)] <5.0000>:(孔的半径)

选择直线对象:(拾取孔中心线)

指定向哪侧偏移:(向中心线的右侧偏移)

选择直线对象:(拾取孔中心线)

指定向哪侧偏移:(向中心线的左侧偏移)

选择直线对象:✓ (结束命令)

命令:_xline 指定点或 [水平 (H)/ 垂直 (V)/ 角度 (A)/ 二等分 (B)/ 偏移 (O)]:o ✓

指定偏移距离或 [通过 (T)] <5.0000>:20 (竖板上的半圆孔的半径)

选择直线对象:(竖板顶面的轮廓线)

指定向哪侧偏移:(向下偏移)

选择直线对象:✓ (结束命令)

结果如图 4-26 所示。

5.修剪图形

修剪多余的线条,结果如图 4-27 所示。

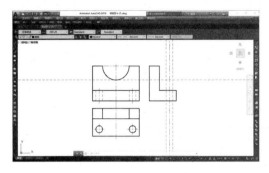

图 4-26 绘制左视图(四)

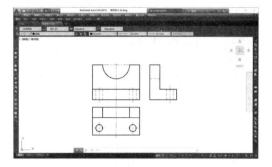

图 4-27 完成后的三视图

2.5 标注尺寸

在进行尺寸标注前,应先设置尺寸标注样式,设置方法见项目 2 中的任务 4。

将"尺寸线"层设为当前层,单击标注工具栏中的"线性标注"图标 ⊢ 线性,按照提示首先标注所有的线性尺寸,然后分别单击标注工具栏中的"直径"图标 直径 和"半径"图标 半径,标注主视图中半圆柱孔的半径尺寸 R20 和俯视图中孔的直径尺寸 ϕ10。尺寸标注结果如图 4-28 所示。

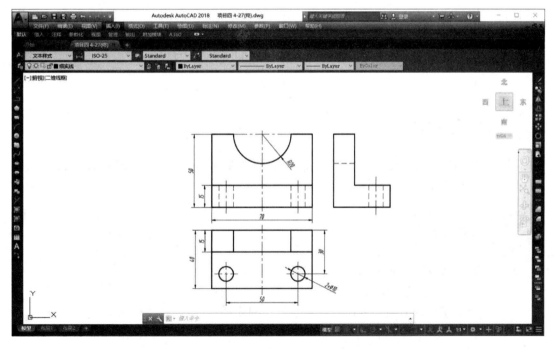

图 4-28 完成尺寸标注后的图形

2.6 检查修改,存盘

对全图进行检查修改,确认无误后单击"保存"图标 。

 任务拓展

按 1 : 1 的比例抄画图 4-29 所示的主视图及俯视图,补画左视图,并标注尺寸。

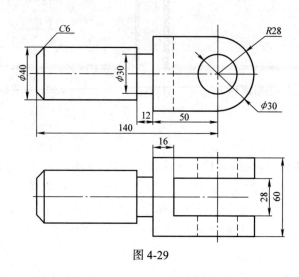

图 4-29

任务 3 剖视图的绘制及尺寸标注

 任务引入

在绘制机件的视图时,经常需要绘制剖视图。那么,在用 AutoCAD 绘制机件的视图时,该如何填充剖面线和标注尺寸呢?

 任务目标

(1)掌握剖面线的填充方法。

(2)进一步巩固图层、线型、颜色、线宽、图形界限的设置方法。

(3)进一步掌握构造线命令在三视图绘制中的作用,并做到熟练应用。

 任务实施

用 AutoCAD 按尺寸绘图,每个人对命令的操作方式及绘图习惯常有不同,但基本方法是相同的。精确绘图时,可先运用构造线搭建基本图架,再合理借助自动追踪、自动捕捉、绘制辅助线及直接给定距离等方式绘图,以提高绘图速度。

　　案例:将图 4-30 所示组合体的主视图改画成半剖视图,补画出全剖的左视图,并标注尺寸。

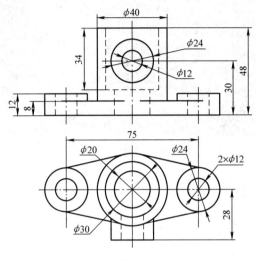

图 4-30　机件的两视图

3.1　看懂两视图

　　通过形体分析可以看出,该机件的主体由一个带阶梯孔的圆柱和带两个小圆柱的底板组成。在带阶梯孔的圆柱前侧,还有一个直径为 24 mm 的带孔圆柱与其相贯。形体左右对称,带阶梯孔的圆柱在底板的正上方,并与底板前后相切。

3.2　设置绘图环境

3.2.1　新建图形文件

　　单击文件管理工具栏中的"新建"图标 (或单击控制图标 ,选择"文件"→"新建"命令),新建一个图形文件。在文件名右侧的"打开"选项卡中选择公制。

3.2.2　设置图形界限

　　在命令窗口中输入 limits,提示如下。

命令:limits ✓

重新设置模型空间界限:

指定左下角点或 [开 (ON)/ 关 (OFF)] <0.0000,0.0000>:0,0 ✓(设置图形界限的左下角点)

指定右上角点 <210.0000,297.0000>:297,210 ✓(设置图形界限的右上角点)

3.2.3　设置图层

　　单击图层工具栏中的"图层特性管理器"图标 ,系统将打开"图层特性管理器"对话框,单击"新建"按钮,创建如图 4-31 所示的六个图层。

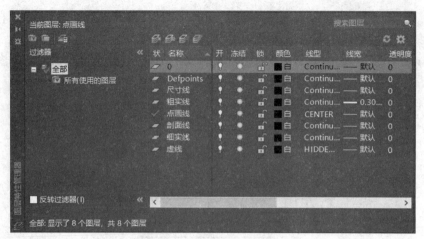

图 4-31　图层特性管理器

3.3　绘制并保存两视图

按照前面所述内容完成组合体主、俯视图的绘制,并保存图形,图名为"组合体三视图(三)"。

3.4　将主视图改画成半剖视图

(1)单击修改工具栏中的"修剪"图标 $\times$,按照提示操作,剪切主视图中右侧底板与圆柱外表面的切线,如图 4-32(a)所示。

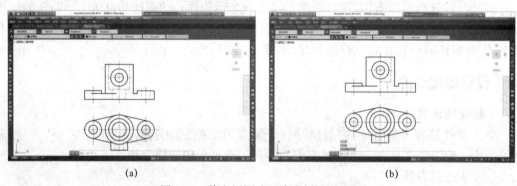

图 4-32　将主视图改画成半剖视图(一)

(2)删去主视图左半部分的全部虚线,如图 4-32(b)所示。

(3)拾取主视图右侧的全部虚线,单击鼠标右键,弹出右键快捷菜单。在右键快捷菜单中单击"特性"选项,弹出"特性"窗口。在"特性"窗口中单击"图层"特性右侧的文本框,文本框的右侧将出现一个"箭头"图标 $\vee$,单击图标将出现一个下拉列表框,在下拉列表框中选择"粗实线"选项并单击,选中的虚线将全部由"虚线"层转到"粗实线"层,具有"粗实线"层的特性,即线型变成为粗实线,如图 4-33(a)所示。

(4)关闭"特性"窗口,按 Esc 键退出编辑状态,完成主视图右侧半剖视图轮廓线的绘制,如图 4-33(b)所示。

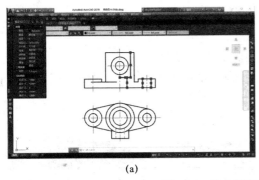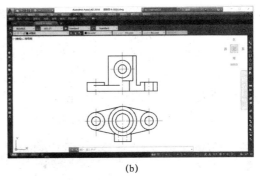

(a)　　　　　　　　　　　　　　(b)

图 4-33　将主视图改画成半剖视图(二)

（5）将"剖面线"层设为当前层,单击绘图工具栏中的"图案填充"图标 ,弹出"图案填充和渐变色"对话框,如图 4-34（a）所示。在该对话框中将"图案"设置为"ANSI31","角度"设置为"0","比例"设置为"1",如图 4-34（b）所示。

说明:"ANSI31"是机械制图中最常用的表示金属材料的 45º 平行线的图案;在填充前要设置合理的角度和比例,使绘制填充的剖面线间距和角度都合理。

(a)　　　　　　　　　　　　　　(b)

图 4-34　"图案填充和渐变色"对话框

单击"拾取点"图标 ,"图案填充和渐变色"对话框消失,命令窗口提示如下。

命令:_bhatch

拾取内部点或 [选择对象 (S)/ 删除边界 (B)]:正在选择所有对象 …（用鼠标在要填充剖面线的封闭区域内单击,如图 4-35（a）所示,所选区域中的图线变为虚线 ）

正在选择所有可见对象 …

正在分析所选数据 …

正在分析内部孤岛 …

拾取内部点或 [选择对象 (S)/ 删除边界 (B)]:（继续用鼠标在要填充剖面线的另一个

封闭区域内单击,所选区域中的图线亦变为虚线)

正在分析内部孤岛 ...

拾取内部点或 [选择对象 (S)/ 删除边界 (B)]:↙(结束命令)

再次出现"图案填充和渐变色"对话框,单击该对话框中的"确定"按钮 确定 ,对话框自动消失,即完成剖面线的填充。

完成后的图形如图 4-35（b）所示。

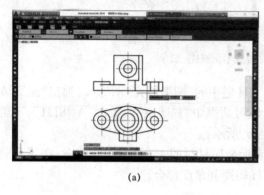 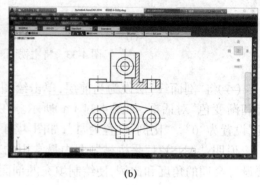

(a)　　　　　　　　　　　　　　　(b)

图 4-35　将主视图改画成半剖视图（三）

3.5　补画全剖的左视图

根据前面的形体分析,作图步骤如下。

3.5.1　绘制左视图中的对称线

将"点画线"层设为当前层,单击修改工具栏中的"偏移"图标 ,命令窗口提示如下。

命令:_offset ↙

当前设置:删除源 = 否　图层 = 源　OFFSETGAPTYPE=0

指定偏移距离或 [通过 (T)/ 删除 (E)/ 图层 (L)] < 通过 >:90（输入偏移距离 90,偏移距离是根据主、俯视图的位置,按照"宽相等"的原则计算出来的）

选择要偏移的对象,或 [退出 (E)/ 放弃 (U)] < 退出 >:（用鼠标拾取主视图中的对称线）

指定要偏移的那一侧上的点,或 [退出 (E)/ 多个 (M)/ 放弃 (U)] < 退出 >:（在主视图中的对称线右侧单击）

选择要偏移的对象,或 [退出 (E)/ 放弃 (U)] < 退出 >:↙（结束命令）

结果如图 4-36（a）所示。

3.5.2　绘制左视图中的水平轮廓线

将"粗实线"层设为当前层,用构造线命令中的"偏移"选项按照"高平齐"的投影原则绘制,如图 4-36（b）所示。

3.5.3　绘制左视图中的铅垂轮廓线

根据机件的宽度尺寸,继续用"构造线"命令中的"偏移"选项将左视图中的对称线向左偏移 20 个图形单位,向右偏移 20、28 个图形单位,如图 4-37（a）所示。

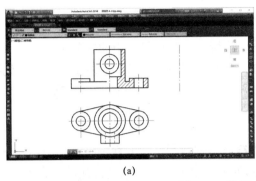 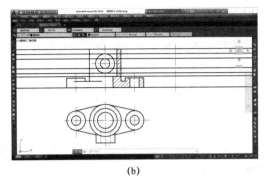

| (a) | (b) |

图 4-36　补画全剖的左视图(一)

3.5.4　修剪图形

单击修改工具栏中的"修剪"图标 $\overline{/-}$,对左视图进行合理的修剪。然后继续用"构造线"命令中的"偏移"选项,先将左视图中的对称线分别向左、向右偏移 15 个图形单位,再将左视图中的对称线分别向左、向右偏移 10 个图形单位,并对图形进行必要的修剪,完成的组合体的轮廓线如图 4-37(b)所示。

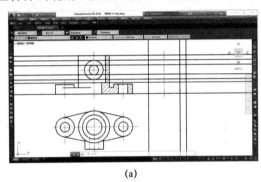 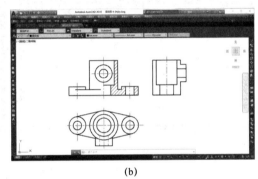

| (a) | (b) |

图 4-37　补画全剖视的左视图(二)

3.5.5　添加孔的中心线并绘制孔—孔的相贯线

先用"直线"或"构造线"命令绘制孔的中心线,再用"圆弧"命令绘制孔—孔的相贯线,如图 4-38(a)所示。

3.5.6　填充剖面线

操作方法与填充主视图中的剖面线相同,填充完剖面线即完成了全剖的左视图的绘制,结果如图 4-38(b)所示。

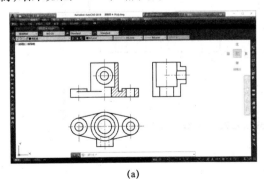 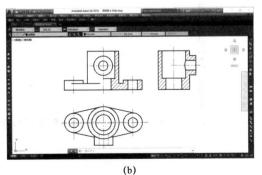

| (a) | (b) |

图 4-38　补画全剖的左视图(三)

3.6 标注尺寸

在进行尺寸标注前,应先设置尺寸标注样式,设置方法见项目 2 中的任务 4。

(1)将"尺寸线"层设为当前层,单击标注工具栏中的"线性标注"图标 ⊢⊣ **线性**,按照提示标注所有的线性尺寸。在非圆投影上标注圆的直径时,务必要在尺寸数字前输入"%%c",标注结果如图 4-39(a)所示。

(2)标注符合半剖视图规定的尺寸。

主视图中圆柱内两个阶梯孔的直径标注要符合半剖视图标注的规定。继续使用"线性标注"命令标注圆柱内孔的直径,如图 4-39(b)所示。用鼠标拾取刚刚标注的圆柱内孔的直径尺寸,单击鼠标右键,弹出右键快捷菜单,单击右键快捷菜单中的"特性"选项,弹出"特性"对话框,在"特性"对话框的"直线和箭头"栏中,将"箭头 2"设为"无",将"尺寸线 2"和"延伸线 2"均设为"关",此时所标注的尺寸完全符合半剖视图尺寸标注的规定。结果如图 4-40 所示。

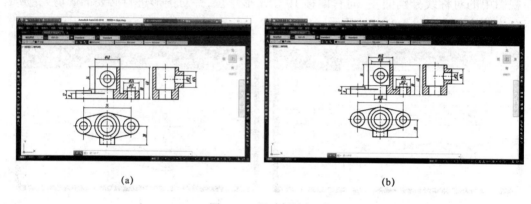

| (a) | (b) |

图 4-39 尺寸标注(一)

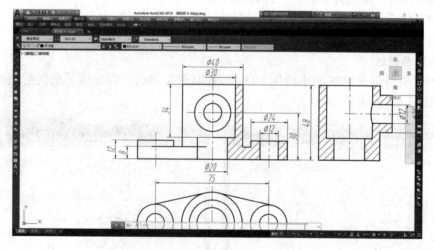

图 4-40 尺寸标注(二)

3.7　检查修改,存盘

对全图进行检查修改,确认无误后单击"保存"图标▣,将所绘图形存盘,效果如图 4-41 所示。

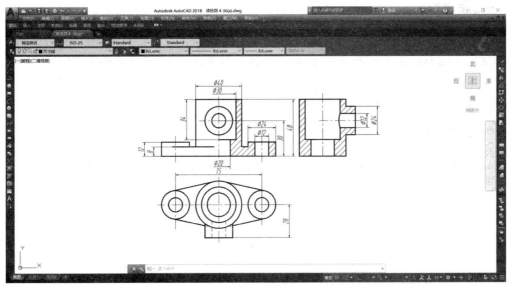

图 4-41　尺寸标注(三)

 任务拓展

按 1:1 的比例将图 4-42 所示组合体的主视图改画成半剖视图,补画出全剖的左视图,并标注尺寸。

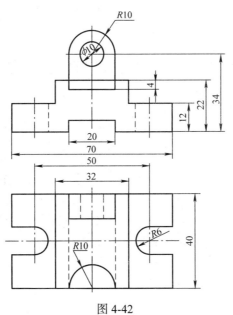

图 4-42

思考与练习

一、思考题

（1）构造线的功用是什么？

（2）"构造线（XL）"命令中的"偏移（O）"选项与"偏移（OFFSET）"命令有何区别？

（3）填充剖面线应注意哪些问题？

（4）如何标注半剖视图中的对称尺寸？

二、练习题

（1）按1∶1的比例抄画下图所示的主视图及俯视图，补画左视图，并标注尺寸。

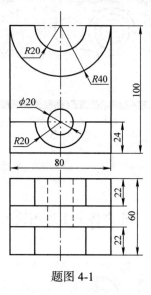

题图 4-1

（2）根据轴测图及图上所注尺寸，按1∶1的比例画出下图所示组合体的三视图，并标注尺寸。

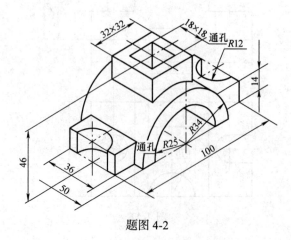

题图 4-2

3. 按 1 ：1 的比例将下图所示轴承座的主视图改画成局部剖视图,左视图改画成全剖视图,并标注尺寸。

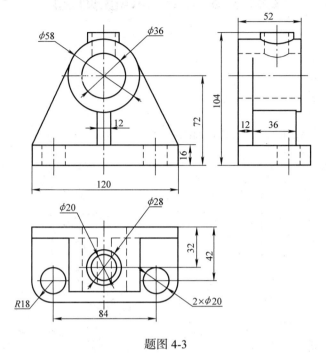

题图 4-3

项目5 绘制轴测图

任务引入

按 1:1 的比例绘制图 5-1 所示的轴测图。

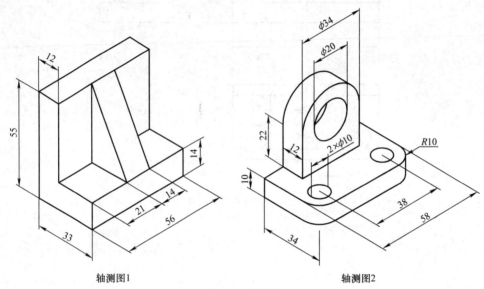

轴测图1   轴测图2

图 5-1 轴测图

任务目标

在识读机械工程图样的基础上,熟练地运用 AutoCAD 的绘图、编辑修改命令绘制零件的轴测图,掌握绘制方法与技巧。

(1)会设置等轴测绘图模式。

(2)掌握在三个轴测平面之间进行切换的方法。

(3)会用绘图命令完成轴测图轮廓的绘制。

任务实施

5.1 分析图形

图 5-1 所示的轴测图 1 是一个平面立体,主要由直线连接而成,可用直线命令绘制,为提高绘图效率,右端面可用左端面复制。轴测图 2 是一个曲面立体,由圆、圆弧和直线组成,可用直线、椭圆、复制、修剪等命令绘制。

5.2　相关知识点

正等轴测图的性质：

（1）轴间角，即 X、Y、Z 轴间的夹角为 120°；

（2）轴向伸缩系数为 0.82，取近似值 1。

AutoCAD 中建立的轴测图实际上是一种多方位的二维视图，通过轴测角的追踪方向绘制出轴测轴，把绘图区间划分为三个工作面，即顶轴测面、左轴测面和右轴测面，如图 5-2 所示。

用快捷键 F5，Ctrl+E 键或"ISOPLANE"命令使十字光标在三个轴测面间切换，在不同的轴测面内绘制二维图形，十字光标始终与当前轴测面的轴测轴方向一致，如图 5-3 所示。

图 5-2　正等轴测面

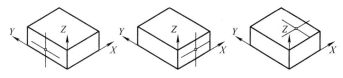

图 5-3　十字光标在三个轴测面中的状态

5.2.1　激活轴测投影模式

单击"菜单"→"工具"→"绘图设置"命令，打开"草图设置"对话框，单击"捕捉和栅格"选项卡，弹出对话框，在"捕捉类型"区域中选中"等轴测捕捉"，激活捕捉模式，如图 5-4 所示。

图 5-4　"草图设置"对话框

5.2.2　设置绘图方式

单击"极轴追踪"选项卡，在"极轴角设置"中，增量角选"30"；"对象捕捉追踪设置"选"用所有极轴角设置追踪"；"极轴角测量"选"相对上一段"，如图 5-5 所示。

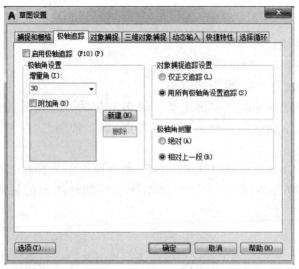

图 5-5　"极轴追踪"选项卡

单击"对象捕捉"选项卡,在"对象捕捉模式"中选择"端点""交点""圆心"选项,然后按 Enter 键。

5.2.3　录入文字

轴测图中输入的文字应与轴测面所处的方位一致,因此在不同的轴测面内输入的文字要对应不同的文字样式。

1.创建文字样式

1)命令激活方式

(1)下拉菜单:单击"格式"→"文字样式"命令。

(2)命令窗口:STYLE✓。

(3)工具栏:单击文字工具栏中的"文字样式"按钮A。

2)操作步骤

打开"文字样式"对话框,如图 5-6 所示,单击"新建"按钮 新建(N)... ,建立新的标注样式"样式 1"。取消大字体,在"字体"下拉列表中选择 "宋体","高度"设置为"6",宽度因子设置为"0.7","倾斜角度"设置为"30",单击"应用"按钮。继续单击"新建"按钮 新建(N)... ,建立新的标注样式"样式 2"。取消大字体,在"字体"下拉列表中选择"宋体","高度"设置为"6","宽度因子"设置为"0.7","倾斜角度"设置为"-30",单击"应用"按钮,弹出对话框,如图 5-6 所示,单击"是"按钮 是(Y) 关闭对话框。返回绘图窗口,进行文字标注。

2.在左轴测面上标注文字

把"样式 1"置为当前,按快捷键 F5,光标切换到左轴测面上,单击按钮 AI,根据命令窗口中的提示完成如下操作。

命令:_text

当前文字样式:"样式 1" 文字高度:6.0000 注释性:否 对正:左

指定文字的起点或 [对正 (J)/ 样式 (S)]:(在左轴测面上用鼠标左键单击一点,再按 Enter 键或单击鼠标左键)

指定文字的旋转角度 <330>:(输入文字,按 Enter 键确定,结果如图 5-7 所示)

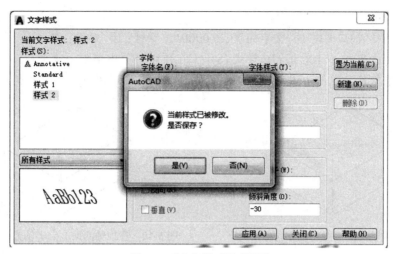

图 5-6　"文字样式"对话框

3. 在右轴测面上标注文字

把"样式 2"置为当前,按快捷键 F5,光标切换到右轴测面上,单击按钮 **AI**,根据命令窗口中的提示完成如下操作。

命令:_text

当前文字样式:"样式 2" 文字高度:6.0000 注释性:否 对正:左

指定文字的起点或 [对正 (J)/ 样式 (S)]:(在右轴测面上单击一点)

指定文字的旋转角度 <30>:(输入文字,按 Enter 键确定,结果如图 5-8 所示)

图 5-7　在左轴测面上标注文字

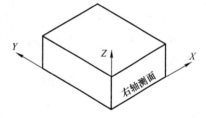

图 5-8　在右轴测面上标注文字

4. 在顶轴测面上标注文字

1)沿 X 轴方向标注文字

把"样式 2"置为当前,按快捷键 F5,光标切换到顶轴测面上,单击按钮 **AI**,根据命令窗口中的提示完成如下操作。

命令:_text

当前文字样式:"样式 2" 文字高度:6.0000 注释性:否 对正:左

指定文字的起点或 [对正 (J)/ 样式 (S)]:(在顶轴测面上单击一点)

指定文字的旋转角度 <0>:(输入文字,按 Enter 键确定,结果如图 5-9 所示)

2)沿 Y 轴方向标注文字

把"样式 1"置为当前,按快捷键 F5,光标切换到顶轴测面上,单击按钮 **AI**,根据命令窗口中的提示完成如下操作。

命令：_text

当前文字样式："样式 1" 文字高度：6.0000 注释性：否 对正：左

指定文字的起点 或 [对正 (J)/ 样式 (S)]：（在顶轴测面内单击一点）

指定文字的旋转角度 <30>：（输入文字，按 Enter 键确定，如图 5-10 所示）

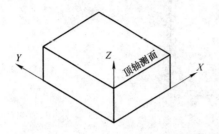 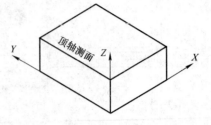

图 5-9　在顶轴测面上沿 X 轴方向标注文字　　　图 5-10　在顶轴测面上沿 Y 轴方向标注文字

5.2.4　标注尺寸

轴测图中创建的"标注样式"应与"文字样式"相对应。

1）命令激活方式

（1）下拉菜单：单击"格式"→"标注样式"命令。

（2）命令窗口：DIMSTYLE（或 D）↙。

（3）工具栏：单击"标注"按钮 。

2）操作步骤

打开"标注样式管理器"对话框，如图 5-11 所示。单击"新建"按钮 新建(N)... ，打开 "创建新标注样式"对话框，创建新标注样式，样式名为"30"。单击"继续"按钮 继续 ， 弹出"新建标注样式 30"对话框，修改各项内容，在"文字样式"下拉框中选"样式 1"。单击"确定"按钮 确定 ，返回"标注样式管理器"对话框。继续单击"新建"按钮 新建(N)... ， 新建标注样式"–30"，与之相对应的文字样式为"样式 2"。单击"确定"按钮 确定 ，返回绘图窗口，为绘制好的轴测图标注尺寸。

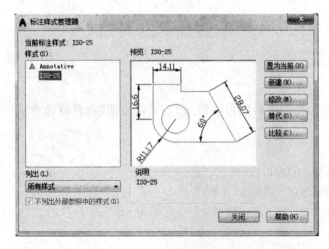 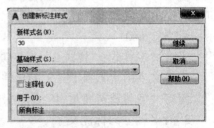

图 5-11　"标注样式管理器"对话框　　　图 5-12　"创建新标注样式"对话框

5.3　绘制图形

5.3.1　绘制平面立体的轴测图

绘制图 5-1 所示的轴测图 1。

1. 绘图

打开正交模式,启动"直线"命令,根据命令窗口中的提示完成如下操作。

命令:_line

指定第一个点:< 正交 开 >

指定下一点或 [放弃 (U)]:12

指定下一点或 [放弃 (U)]:55

指定下一点或 [闭合 (C)/ 放弃 (U)]:33

指定下一点或 [闭合 (C)/ 放弃 (U)]:14

指定下一点或 [闭合 (C)/ 放弃 (U)]:21

指定下一点或 [闭合 (C)/ 放弃 (U)]:

启动"复制"命令,根据命令窗口中的提示,完成相应操作,结果如图 5-13 所示。

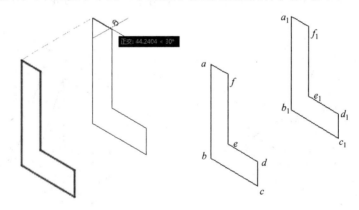

图 5-13　复制左轴测面

启动"直线"命令,分别连接线段 aa_1、bb_1、cc_1、dd_1、ee_1、ff_1（或连接线段 aa_1,将其以 a 为基点复制到 f、e、d、c 点）,并删除多余的线条,结果如图 5-14 所示。

命令:_copy

选择对象:找到 1 个

选择对象:找到 1 个,总计 2 个(选中线段 ef 和 ed)

选择对象:

当前设置:复制模式 = 多个

指定基点或 [位移 (D)/ 模式 (O)]< 位移 >:D（选择"位移"项）

指定位移 <0.0000, 0.0000, 0.0000>:21（输入位移距离 21,按 Enter 键,得线段 e_2f_2 和 e_2d_2 ）

启动"直线"命令,连接 f_2d_2,沿 X 轴方向复制线段 f_2d_2,位移距离为 14,得线段 f_3d_3。删掉多余的线段,结果如图 5-15 所示。

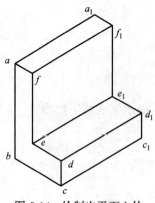

图 5-14　绘制出平面立体

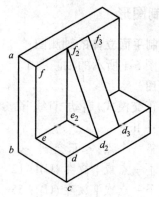

图 5-15　绘制中间肋板

2. 标注尺寸

指定当前标注样式为"30"，单击"对齐标注"按钮 ，标注尺寸，结果如图 5-16 所示。

3. 修改标注尺寸

单击"编辑标注"按钮 ，修改标注尺寸。根据命令窗口中的提示完成如下操作，结果如图 5-17 所示。

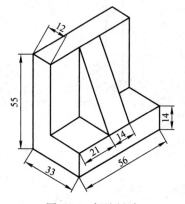

图 5-16　标注尺寸

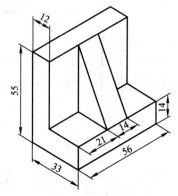

图 5-17　修改标注尺寸

命令：_dimedit

输入标注编辑类型 [默认 (H)/ 新建 (N)/ 旋转 (R)/ 倾斜 (O)] < 默认 >：O(选择"倾斜"项)

选择对象：找到 1 个

选择对象：找到 1 个，总计 2 个(选择尺寸"12""33"，按 Enter 键)

选择对象：

输入倾斜角度(按 Enter 键表示无)：指定第二点：(在 Z 轴方向的直线上单击 2 个端点)

单击"编辑标注"按钮 ，修改标注尺寸。根据命令窗口中的提示完成如下操作。

命令：_dimedit

输入标注编辑类型 [默认 (H)/ 新建 (N)/ 旋转 (R)/ 倾斜 (O)] < 默认 >：O(选择"倾斜"项)

选择对象：找到 1 个

选择对象：找到 1 个，总计 2 个

选择对象：找到 1 个，总计 3 个

选择对象：找到 1 个，总计 4 个（选择尺寸"55""21""14""56"）

选择对象：

输入倾斜角度（按 Enter 键表示无）：指定第二点：（在 Y 轴方向的直线上单击 2 个端点）

单击"编辑标注"按钮 ，修改标注尺寸。根据命令窗口中的提示完成如下操作。

命令：_dimedit

输入标注编辑类型 [默认 (H)/ 新建 (N)/ 旋转 (R)/ 倾斜 (O)]< 默认 >：O（选择"倾斜"项）

选择对象：找到 1 个（选择右侧的尺寸"14"）

选择对象：

输入倾斜角度（按 Enter 键表示无）：指定第二点：（在 X 轴方向的直线上单击 2 个端点）

4. 更新标注

更改"12""14""21""56""33"的标注样式：用鼠标左键选中尺寸，如图 5-18 所示，在"标注"工具栏下拉列表选项中选择标注样式"–30"。按 Esc 键，完成标注的更新，结果如图 5-19 所示。

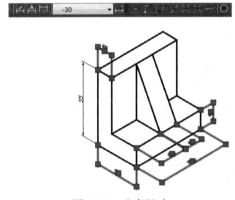

图 5-18　选中尺寸

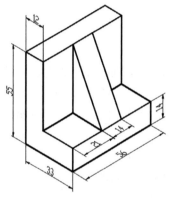

图 5-19　更新标注

5.3.2　绘制曲面立体的轴测图

绘制图 5-1 所示的轴测图 2。

1. 绘图

先绘制矩形框，命令窗口提示如下。

命令：_line

指定第一个点：（用鼠标左键单击一点）

指定下一点或 [放弃 (U)]：58（在 X 轴方向捕捉延长线上移动光标，输入移动距离）

指定下一点或 [放弃 (U)]：10（在 Z 轴方向捕捉延长线上移动光标，输入移动距离）

指定下一点或 [闭合 (C)/ 放弃 (U)]：58（在 X 轴反方向捕捉延长线上移动光标，输入移动距离）

指定下一点或 [闭合 (C)/ 放弃 (U)]：c（输入 c，按 Enter 键，右轴测面上的矩形绘制完毕）

启动"复制"命令，根据命令窗口中的提示完成如下操作。

命令：_copy

选择对象：指定对角点：找到 4 个（选定矩形，按 Enter 键）

选择对象:

当前设置: 复制模式 = 多个

指定基点或 [位移 (D)/ 模式 (O)] < 位移 >:(用鼠标左键单击一点)

指定第二个点或 [阵列 (A)] < 使用第一个点作为位移 >: 34 (用快捷键 F5 切换光标, 沿 Y 轴方向移动光标, 输入移动距离, 按 Enter 键)

指定第二个点或 [阵列 (A)/ 退出 (E)/ 放弃 (U)] < 退出 >。

结果如图 5-20 所示。

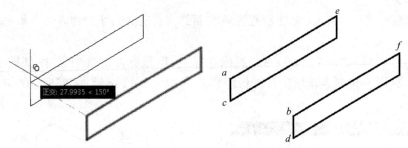

图 5-20　复制右轴测面上的矩形

启动"直线"命令, 分别连接线段 *ab*、*cd*、*ef* (或连接线段 *ab*, 将其以 *a* 为基点复制到 *c* 和 *e* 点), 并删除多余的线条, 绘制出四棱柱, 如图 5-21 所示。

按快捷键 F5, 使光标处于顶轴测面上启动"复制"命令, 根据命令窗口中的提示完成如下操作。

命令:_copy

选择对象: 找到 1 个(选中线段 *ab*, 按 Enter 键)

选择对象:

当前设置: 复制模式 = 多个

指定基点或 [位移 (D)/ 模式 (O)] < 位移 >: < 等轴测平面 俯视 >(用鼠标左键单击一点)

指定第二个点或 [阵列 (A)] < 使用第一个点作为位移 >: 10 (沿 X 轴方向移动光标, 输入移动距离, 按 Enter 键)

指定第二个点或 [阵列 (A)/ 退出 (E)/ 放弃 (U)] < 退出 >:(按 Enter 键)

重复上述命令, 沿 Y 轴方向复制线段 *bf*, 距离为 10, 得到交点 *o*, 如图 5-22 所示。

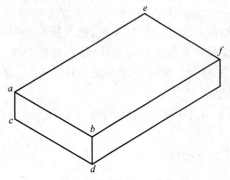

图 5-21　绘制出四棱柱

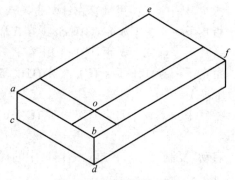

图 5-22　复制线段 *ab*、*bf*

采用以下任何一种方式启动"椭圆"命令。

（1）菜单：单击"绘图"→"椭圆"命令。

（2）命令窗口：ELLIPSE（或 EL）↙。

（3）工具栏：单击绘图工具栏中的"椭圆"按钮 。

根据命令窗口中的提示完成如下操作。

命令：_ellipse

指定椭圆轴的端点或 [圆弧 (A)/ 中心点 (C)/ 等轴测圆 (I)]：I（用鼠标左键点击命令窗口中的子命令 I 或用键盘输入 I）

指定等轴测圆的圆心：（用鼠标左键点击 o 点）

指定等轴测圆的半径或 [直径 (D)]：（输入 10 后按回车键或者用光标捕捉交点）

重复上述命令，绘制半径为 5 的等轴测圆，如图 5-23 所示。

启动"复制"命令，根据命令窗口中的提示完成如下操作。

命令：_copy

选择对象：找到 1 个

选择对象：找到 1 个，总计 2 个（选中等轴测椭圆，按 Enter 键）

选择对象：

当前设置：复制模式 = 多个

指定基点或 [位移 (D)/ 模式 (O)] < 位移 >：（用鼠标左键单击圆心）

指定第二个点或 [阵列 (A)] < 使用第一个点作为位移 >：38（沿 X 轴方向移动光标，输入移动距离，按 Enter 键）

指定第二个点或 [阵列 (A)/ 退出 (E)/ 放弃 (U)] < 退出 >：< 等轴测平面 左视 >10（沿 Z 轴方向向下移动光标，输入移动距离，按 Enter 键）

重复命令，继续复制椭圆，结果如图 5-24 所示。

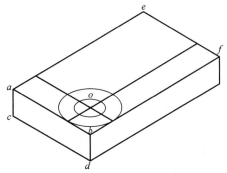

图 5-23　绘制半径为 5 的等轴测圆

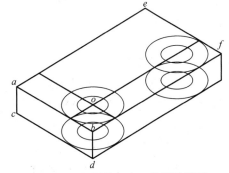

图 5-24　复制半径为 5 的等轴测圆

采用以下任何一种方式启动"修剪"命令。

（1）菜单：单击"修改"→"修剪"命令。

（2）命令窗口：TRIM（或 TR）↙。

（3）工具栏：单击修改工具栏中的"剪切"按钮。

根据命令窗口中的提示完成如下操作。

命令：TR（按 Enter 键）

当前设置：投影 =UCS，边 = 无

选择剪切边 ...

选择对象或 < 全部选择 >: 找到 1 个

选择对象: 找到 1 个, 总计 2 个

选择对象:

选择要修剪的对象, 或按住 Shift 键选择要延伸的对象, 或 [栏选 (F)/ 窗交 (C)/ 投影 (P)/ 边 (E)/ 删除 (R)/ 放弃 (U)]: (用鼠标左键单击要修剪的部位, 结束操作, 按 Enter 键, 结果 如图 5-25 所示。

启动"直线"命令, 根据 AutoCAD 命令行提示, 完成如下操作。

命令: _line

指定第一个点: _qua 于: [用光标捕捉 *a* 点 (象限点)]

指定下一点或 [放弃 (U)]: _qua 于 [在 *Z* 轴方向上捕捉 *b* 点 (象限点)]

指定下一点或 [放弃 (U)](按 Enter 键)

结果如图 5-26 所示。

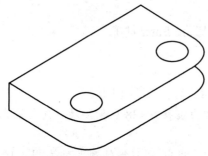 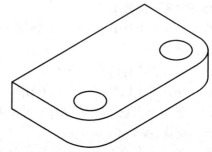

图 5-25　修剪掉多余的线条(一)　　　　图 5-26　修剪掉多余的线条(二)

重复"直线"命令, 画线框 *m*, 结果如图 5-27 所示。

启动"复制"命令, 根据命令窗口中的提示完成如下操作。

选择对象: 找到 1 个, 总计 4 个(选中线框 *m*, 按 Enter 键)

选择对象:

当前设置: 复制模式 = 多个

指定基点或 [位移 (D)/ 模式 (O)]< 位移 >: < 等轴测平面 右视 >(用鼠标左键单击一点)

指定第二个点或 [阵列 (A)]< 使用第一个点作为位移 >: 39 (沿 *Z* 轴方向向上移动光 标, 按 Enter 键, 结果如图 5-28 所示)

启动"直线"命令, 绘制出线段 *a*、*b*、*n*, 并修剪掉多余的线段, 结果如图 5-29 所示。 启动"复制"命令复制线段 *m*, 沿 *Z* 轴向上移动 22; 复制线段 *n* 沿 *X* 轴向右移动 17, 结果 如图 5-30 所示。

按快捷键 F5, 使光标处于右轴测面上。

启动"椭圆"命令, 根据命令窗口中的提示完成如下操作。

命令: _ellipse

指定椭圆轴的端点或 [圆弧 (A)/ 中心点 (C)/ 等轴测圆 (I)]: I (输入字母 I 或用鼠标左 键单击子命令 I, 按 Enter 键)

指定等轴测圆的圆心: (用鼠标左键单击 *A* 点)

指定等轴测圆的半径或 [直径 (D)]: 17 (输入半径, 按 Enter 键)

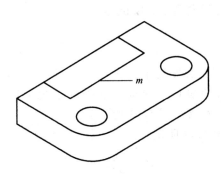

图 5-27　画线框 *m*

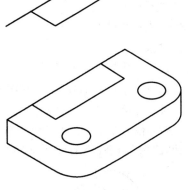

图 5-28　复制线框

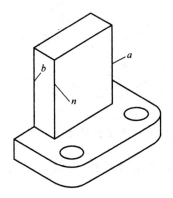

图 5-29　绘制线段 *a*、*b*、*n*

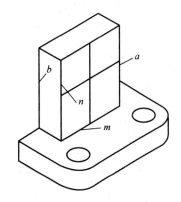

图 5-30　复制线段 *m*、*n*

重复上述命令,绘制 $R17$、$R10$ 的等轴测圆,如图 5-31 所示。

启动"修剪"命令,修剪掉多余的线条,如图 5-32 所示。

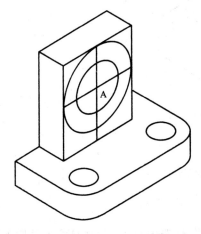

图 5-31　绘制 $R17$、$R10$ 的等轴测圆

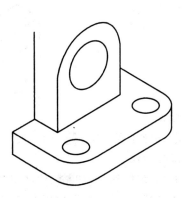

图 5-32　修剪掉多余的线条(三)

启动"复制"命令,根据命令窗口中的提示完成如下操作。

命令: _copy

选择对象:找到 1 个

选择对象:找到 1 个,总计 2 个(选中两个等轴测椭圆,按 Enter 键)

选择对象:

当前设置:复制模式 = 多个

指定基点或 [位移 (D)/ 模式 (O)] < 位移 >:(用鼠标左键单击一点)

指定第二个点或 [阵列 (A)] < 使用第一个点作为位移 >: < 等轴测平面 左视 > 12(沿 Y 轴方向向左移动光标,输入移动距离,按 Enter 键,结果如图 5-33 所示)

启动"修剪"命令,修剪掉多余的线条,结果如图 5-34 所示。

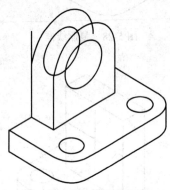 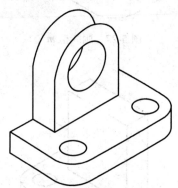

图 5-33　复制等轴测椭圆　　　　　　图 5-34　修剪掉多余的线条(四)

启动"直线"及"修剪"命令,画直线,修剪掉多余的线条,轴测图绘制完成,如图 5-35 所示。

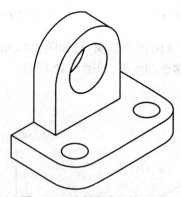

图 5-35　绘制完成的轴测图

2. 标注

单击"对齐标注"按钮,标注尺寸,结果如图 5-36 所示。

3. 修改标注

单击"编辑标注"按钮,修改标注尺寸。

更改"12""34""38""58"的标注样式:用鼠标左键选中尺寸,在"标注"工具栏下拉列表选项中选择标注样式"-30"。按 Esc 键完成标注的更新,结果如图 5-37 所示。

4. 标注圆和圆弧

过圆心画轴线 *a*、*b*，并标注圆的尺寸。单击"对齐标注"按钮█，根据命令窗口中的提示完成如下操作。

命令：_dimaligned

指定第一条尺寸界线原点或 <选择对象>：(捕捉到轴线 *a* 与圆的一个交点)

指定第二条尺寸界线原点：(捕捉到轴线 *a* 与圆的另一个交点)

指定尺寸线位置或 [多行文字 (M)/ 文字 (T)/ 角度 (A)]：t (选择"文字"选项)

输入标注文字 <20>：%%C20 (输入 20，按 Enter 键)

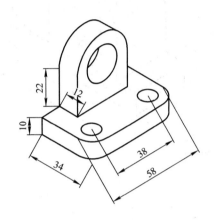

图 5-36　标注尺寸

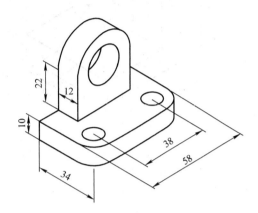

图 5-37　修改标注尺寸

重复上述命令，完成"ϕ34""ϕ20""2×ϕ10"的标注，结果如图 5-38 所示。

删除标注辅助线 *a*、*b*，对以上三组尺寸进行编辑、更新，倾斜角度为 90。底座圆角的尺寸 *R*10 用"引线标注"来完成，结果如图 5-39 所示。

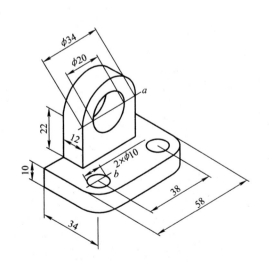

图 5-38　标注圆的尺寸

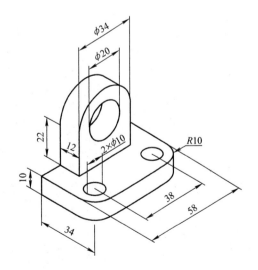

图 5-39　用"引线标注"标注"*R*10"

任务拓展

通过本项目的学习,绘制图 5-40 所示的轴测图。

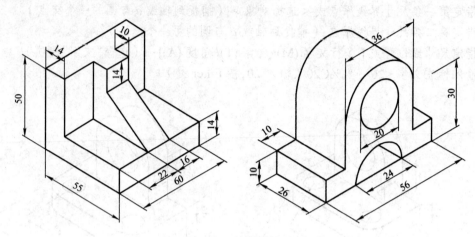

图 5-40　轴测图练习

项目 6　绘制零件图

　　常见的工程图样,有轴套类、轮盘类、叉架类和箱体类等典型零件图样。在绘制这些常用的典型工程图样时,图幅和样条曲线的绘制,表面结构符号、尺寸公差、形位公差等技术要求的标注,剖视图的标注等是经常使用的。本项目通过介绍几个典型零件图的绘制,使读者基本掌握使用 AutoCAD 绘制零件图的方法和步骤。

　　1.绘制零件图应注意的几个问题

　　(1)将不同的线型分层绘制。用 AutoCAD 绘制图形时,绝大多数情况下是绘制在当前图层上的,因此,要注意根据所绘线型的不同及时变换当前图层。此外,利用图层的"关闭"和"打开"有助于提高绘图效率和进行图形管理。

　　(2)灵活运用显示控制功能。在绘图和编辑过程中,为看得清楚、定位准确,应随时对屏幕显示的图形进行缩放、平移。

　　(3)灵活运用捕捉功能。注意运用捕捉功能保证作图的准确性,采用适当的方法保证视图间的"三等"关系。

　　(4)经常对所绘图形进行存盘处理。新建一个无名文件后,应及时赋名存盘,在操作过程中要养成经常存盘的习惯,以防意外原因造成所画的图形丢失。

　　2.绘制零件图的一般步骤

　　(1)绘图前首先要看懂和分析所绘图形的内容。譬如:根据视图的数量和尺寸,选择图幅和比例;根据图形的特点分析如何绘制,有没有其他更简捷的方法。

　　(2)启动 AutoCAD 软件后,首先应进行系统设置,包括图形界限、图层、线型、线宽、颜色的设置,文本样式和标注样式的设置等。

　　(3)设置图幅,确定比例,绘制图框和标题栏。

　　(4)逐一绘制各视图,并及时编辑和修改。

　　(5)标注尺寸和技术要求。

　　(6)填写标题栏。

　　(7)检查、修改后存盘。

任务 1　图块的操作

 任务引入

　　AutoCAD 图形,常需要绘制大量相同的或类似的图形对象,如机械制图中的螺栓、螺钉、螺母、表面结构符号等,这些相同的或类似的结构若重复绘制或采用复制等方式绘制和编辑,往往费时费力,有时还很难保证一致性,那该如何处理呢?

任务目标

（1）理解图块的基本概念，掌握图块的创建方法。
（2）掌握图块的插入方法。
（3）掌握图块属性的定义方法及编辑方法。

任务实施

1.1　图块的基本概念

　　图块是由多个对象组合在一起，作为一个整体使用的图形对象。一旦把某一图形定义为图块，在绘图过程中就可以直接调用，使得绘制有重复部分的复杂图形或具有相同要素的图形非常方便、快捷，并能大大提高绘图效率。AutoCAD 把图块作为一个单独的、完整的对象来操作。

　　图块具有节省磁盘空间、便于图形修改等优点。

　　下面以表面结构符号的标注为例，通过完成图 6-1 所示图形的标注，说明创建图块和插入图块的命令的操作方法和含义。

1.2　创建图块

　　AutoCAD 有两种创建图块的方法：一是在当前图形中创建图块；二是将图块保存为独立的文件，在插入图块的时候指定图形文件的名字。

1.2.1　在当前图形中创建块

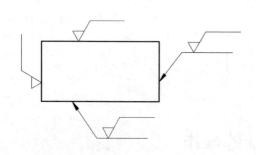

图 6-1　表面结构符号的标注

　　1.命令激活方式

　　（1）命令窗口：Block（或 B）✓。

　　（2）下拉菜单：单击"绘图"→"块"→"创建"命令。

　　（3）功能区：单击"创建块"按钮 🖳。

　　2.操作步骤

　　选择上述任何一种方式激活命令后，都会出现如图 6-2 所示的"块定义"对话框。在对话框中的"名称"文本框中输入块的名称，如表面结构符号。单击"拾取点"按钮 🖳，进入绘图界面，在绘图界面中按照命令窗口中的提示完成图形插入基点的选择后，返回"块定义"对话框。单击"选择对象"按钮 ✛，再次进入绘图界面，选中表面结构符号的三条直线，单击鼠标右键，返回"块定义"对话框。对话框的内容显示如图 6-3 所示。单击"块定义"对话框中的"确定"按钮 ⬚确定⬚，即完成"表面结构符号"图块的创建。

图 6-2　"块定义"对话框

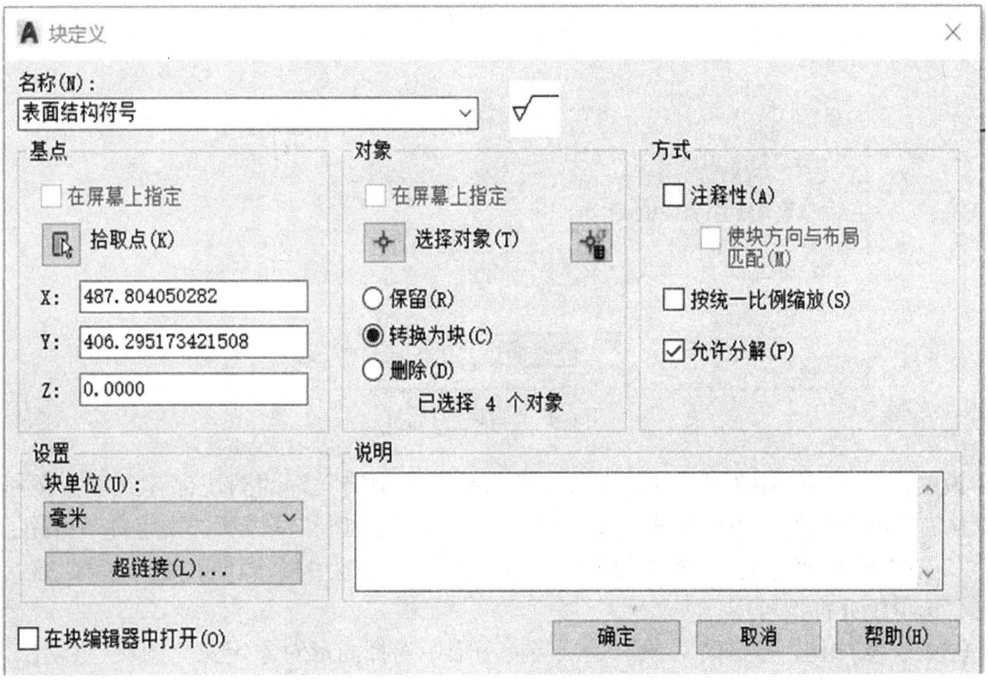

图 6-3　"块定义"对话框的内容显示

　　注意:用上述方法(Block)定义的图块只存在于当前图形文件中,只能在当前图形文件中调用,称为内部块。要使定义的图块能被其他图形文件调用,要用 WBLOCK 命令定义图块,将其以图形文件的形式存入磁盘,称为公共图块或外部块。

1.2.2 将图块作为一个独立的文件保存

1. 命令激活方式

命令窗口：Wblock（或 W）✓。

2. 操作步骤

"块"命令被激活后，会出现如图 6-4 所示的"写块"对话框。首先在"源"组框中选中"块"，在下拉列表框中选择"表面结构符号"；再在"目标"组框中的"文件名和路径"列表中填入图块文件的名称、存盘路径；然后在"插入单位"列表框中选择插入图块时采用的单位，对话框的内容显示如图 6-5 所示；最后单击"确定"按钮 确定 ，完成图块的存盘操作。

图 6-4 "写块"对话框

说明：(1)在"源"组框中选择"块"，是把当前图形中定义好的图块保存到磁盘文件中，可以从右边的下拉列表中选择相关图块的名称，这时"基点"和"对象"选项组都不可用；

(2)在"源"组框中选择"整个图形"，是把当前图形作为一个图块存盘，这时"基点"和"对象"选项组亦都不可用；

(3)在"源"组框中选择"对象"，是从当前图形中选择图形对象定义为图块，将其作为一个图块存盘，这时"基点"和"对象"选项组的意义与"块定义"对话框中相同。

1.3 插入图块

将已定义的图块插入当前图形中的指定位置，在插入的同时还可以改变所插入块图形的比例与旋转角度。

图 6-5　"写块"对话框的内容显示

1.3.1　命令激活方式

（1）命令窗口：INSERT（或 I）✓。

（2）下拉菜单：单击"插入"→"块"命令。

（3）功能区：单击"插入块"图标🗗。

1.3.2　操作步骤

选择上述任何一种方式激活"插入块"命令后，都将弹出"插入"对话框，如图 6-6 所示。

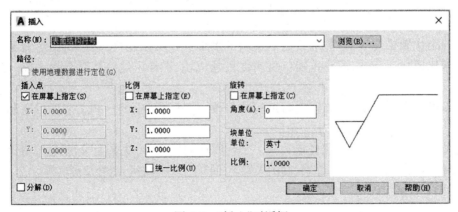

图 6-6　"插入"对话框

在"名称"栏的下拉列表中选择已建立的图块名称,如"表面结构符号"。在"插入点"组框、"比例"组框和"旋转"组框中,均选中"在屏幕上指定"选项,单击"确定"按钮,命令窗口提示如下。

命令:_insert ✓

指定插入点或 [基点(B) / 比例(S) /X/Y/Z/ 旋转(R)]:(拾取表面结构符号在图形中的插入点)

输入 X 比例因子,指定对角点,或 [角点(C) /XYZ（XYZ）] <1>: ✓

输入 Y 比例因子或 < 使用 X 比例因子 >: ✓

指定旋转角度 <0>: ✓

即完成图 6-1 的绘制,保存文件。

说明:(1)在"名称"栏的下拉列表中选择要插入当前图形中的已存在的块名,单击"浏览"按钮,弹出"选择图形文件"对话框,在该对话框中选择要插入的图块或图形文件,当插入的是一个外部图形文件时,系统将把插入的图形自动生成一个内部块,单击"打开"按钮,返回"插入"对话框;

(2)在"插入点"组框中,若用户选择"在屏幕上指定"项,则在屏幕上指定插入点,若取消勾选该项,则用户可以在 X、Y、Z 的文本框中输入插入点的坐标值;

(3)在"比例"组框中,若用户选择"在屏幕上指定"项,则输入插入块时 X、Y、Z 方向的比例因子,若取消勾选该项,则用户还可以在 X、Y、Z 文本框中输入缩放比例,如果选择"统一比例"项,则为 X、Y、Z 坐标值指定单一的比例。

(4)在"旋转"组框中,若用户选择"在屏幕上指定"项,则在屏幕上指定插入块时的旋转角度,若取消勾选该项,则用户可在"角度"文本框中输入块的旋转角度值;

(5)当用户选择"分解"项时,将图块插入图形中后,其立即分解成基本的对象。

1.4 块属性

在一般情况下,定义的块只包含图形信息,而有时需要定义块的非图形信息,比如定义"表面结构符号"块,零件表面的加工要求不同,表面结构参数就不同,因此需要通过块属性输入不同的表面结构参数,完成多处要求不同的表面结构参数的标注。有时定义的零件图块还需要包含零件的质量、规格等信息。块属性也常用来预定义文本位置、内容或提供文本缺省值等。块属性可以定义这些非图形信息,在需要的时候可将信息提取出来,还可以进行编辑。

让一个块附带属性,首先需要绘制出块的图形并定义出属性,然后将图形对象连同属性一起创建成块。当然,用户也能仅将属性创建成块,在插入这些块时会提示输入这些属性值。

下面以标题栏为例,为方便进行填写或修改,将标题栏中的一些文字项目定制成属性对象。

要求将图 6-7 所示的标题栏定义为一个带属性的块文件,块名为"标题栏",将该块插入A4 图幅中,并按图示内容填写图名、制图人姓名、日期、比例、材料、图号及班名等。

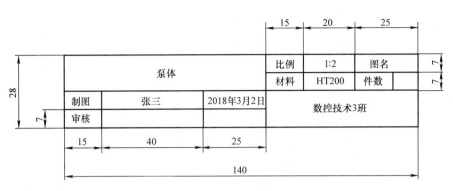

图 6-7　块定义的标题栏

1.4.1　创建块属性

首先,按尺寸画出标题栏,并填写基本内容,结果如图 6-8 所示;然后,在标题栏中定义块属性。下面以"图名"为例,说明定义块属性的过程。

图 6-8　标题栏

1. 命令激活方式

(1)命令窗口:ATTDEF √。

(2)下拉菜单:单击"绘图"→"块"→"定义属性"命令 📝。

2. 操作步骤

选择上述任何一种方式激活"定义属性"命令后,都会弹出"属性定义"对话框,如图 6-9 所示。在"属性"组框中的"标记"栏中输入"(图名)",在"文字设置"组框中设定文字样式、文字高度、旋转角度及对齐方式。然后在标题栏内的图名填写栏中拾取一点作为属性文字的定位点,单击"确定"按钮,返回绘图区,将属性插入需要填写图名的位置,形成带属性的标题栏。

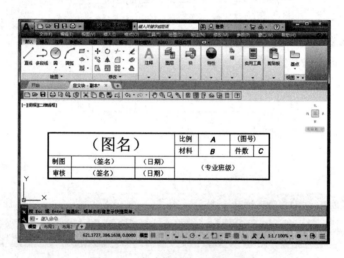

图 6-9 "属性定义"对话框

重复使用"定义属性"命令,依次按指定的文字定位点定义出属性名"(签名)""(日期)""(专业班级)""*A*""*B*""*C*""(图号)",其中"(专业班级)"的文字高度设为 5,其他均为 3.5。完成属性定义的标题栏如图 6-10 所示。

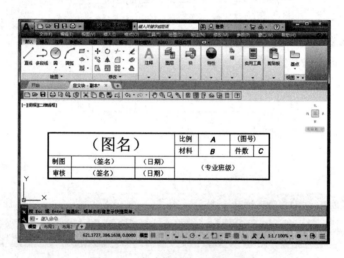

图 6-10 完成属性定义的标题栏

1.4.2 创建块文件

将定义属性后的标题栏保存为块文件"标题栏",过程如下:在命令窗口中输入块存盘命令 W ✓ 或单击"创建块"图标 ,弹出"写块"对话框,在"文件名和路径"栏内指定存储块文件的路径和块名;在"基点"组框内单击"拾取点"按钮 ,拾取标题栏右下角点作为基点;在"对象"组框内单击"选择对象"按钮 ,选取整个标题栏,单击"确定"按钮;此时弹出如图6-11 所示的"编辑属性"对话框,在对话框的文本编辑栏中输入相应的信息,然后单击"确定"按钮,"编辑属性"对话框消失,标题栏即被定义为名称为"标题栏"的块文件。

图 6-11　"编辑属性"对话框

1.4.3　插入带属性的块

将"标题栏"块文件插入图幅右下角,过程如下。

(1)建立新的图形文件,绘制 A4 图幅的图框,单击工具栏中的"块"图标，弹出"插入"对话框。

(2)单击"浏览"按钮,弹出"选择图形文件"对话框,按存入块文件的路径选中"标题栏"文件,单击"打开"按钮,返回原对话框。

(3)在"插入点""比例"和"旋转"三个组框内,均选取"在屏幕上指定"选项,单击"确定"按钮,命令窗口提示如下。

指定插入点或 [基点(B) / 比例(S) /X/Y/Z/ 旋转(R)]:(捕捉标题栏右下角点作为插入点)

指定比例因子 <1>:✓

指定旋转角度 <0>:✓

专业班级:数控技术 3 班✓

材料:HT200 ✓

比例:1 ：2 ✓

制图:张三✓

图名:泵体✓

日期:2018 年 3 月 2 日✓

完成操作后保存 ,结果如图 6-12 所示。

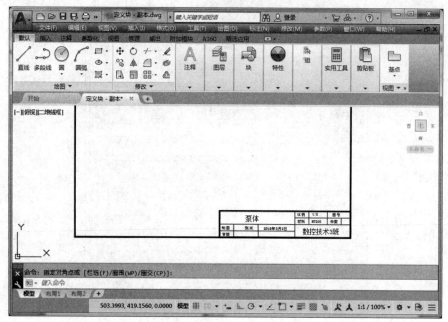

图 6-12　插入带属性的标题栏

 任务拓展

（1）创建图 6-13 所示的基准符号，将其定义成块，块名为"基准符号"，并进行插入练习。

（2）绘制图 6-14 所示的齿轮零件技术参数表，要求分别在模数、齿数、压力角、精度等级的对应位置定义相应的属性，再插入若干次（表格的大小、属性的标记、提示、默认值等由绘图者确定）。

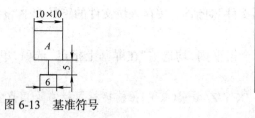

图 6-13　基准符号

模数	
齿数z	
压力角	
精度等级	

图 6-14　齿轮零件技术参数表

任务 2　轴套类零件图的绘制

 任务引入

抄画图 6-15 所示的零件图，要求：A3 图幅横放，比例为 1∶1。

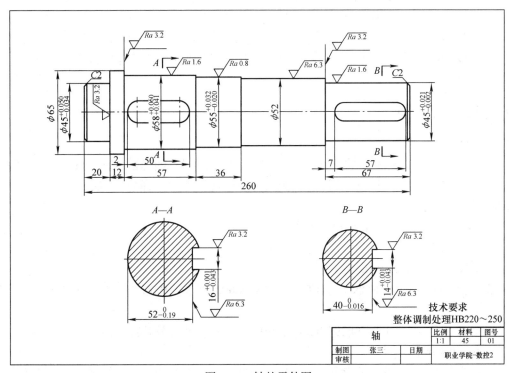

图 6-15　轴的零件图

任务目标

（1）熟练使用"构造线"命令。

（2）掌握创建图块和插入图块的方法。

（3）学会设置图幅、绘制图框及标题栏的方法。

（4）掌握倒角、基本尺寸、表面结构符号和公差的标注方法。

 任务实施

2.1 读图并分析

轴套类零件一般由若干个直径不同的圆柱体组成,这种由同轴的回转体组合而成的零件通常称为阶梯轴,是一种常见的较简单的机械零件。它们一般起支承转动零件、传递动力的作用,因此常带有键槽、轴肩、螺纹、退刀槽、砂轮越程槽等结构。

轴套类零件主要在车床上加工,所以考虑到零件的加工位置,主视图常将轴线水平绘制。画图时,可利用回转体的对称性使用"镜像""偏移"等命令,以提高绘图速度。

图 6-15 所示轴的零件图由三个图形构成,分别为主视图和两个断面图。通过分析可知,该轴由六段直径不同的同轴圆柱体组成,其中 $\phi45$ 和 $\phi58$ 的轴段上有键槽,轴的两端加工出倒角。

2.2 设置绘图环境

2.2.1 新建图形文件

单击文件管理工具栏中的"新建"图标 （ 或单击"控制"图标 ,选择 "文件"→"新建"命令）,新建一个图形文件。在文件名右侧的"打开"选项卡中选择公制,赋名存盘。

2.2.2 设置图形界限

在命令窗口中输入 limits,提示如下。

命令:_limits ✓

重新设置模型空间界限:

指定左下角点或 [开(ON) / 关(OFF)] <0.0000,0.0000>:0,0 ✓（设置图形界限的左下角点）

指定右上角点 <210.0000,297.0000>:420,297 ✓（设置图形界限的右上角点）

命令:_zoom ✓

指定窗口的角点,输入比例因子(nX 或 nXP),或者 [全部(A) / 中心(C) / 动态(D) / 范围(E) / 上一个(P) / 比例(S) / 窗口(W) / 对象(O)] < 实时 >:a ✓

正在重生成模型。

命令:< 栅格 开 >

打开栅格,栅格所占的空间即为设定的 A3 图幅。

2.2.3 设置图层

单击图层工具栏中的"图层特性管理器"图标 ,系统将打开"图层特性管理器"对话框,单击"新建"按钮,建立如图 6-16 所示的五个图层。

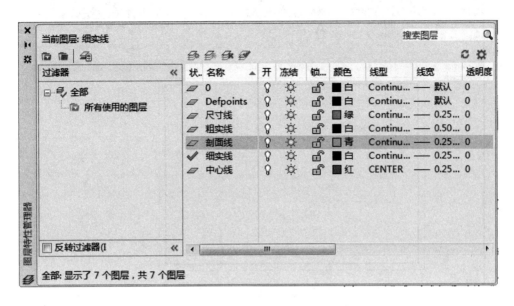

图 6-16 图层设置

2.2.4 设置文字样式、标注样式

参见项目 2 中的任务 3 和任务 4。

2.3 绘制图幅

2.3.1 绘制 A3 图幅的外边框

将"细实线"层设为当前图层,单击绘图工具栏中的"矩形"图标▱,命令窗口提示如下。

命令:_rectang ✓

指定第一个角点或 [倒角(C)/标高(E)/圆角(F)/厚度(T)/宽度(W)]:0,0 ✓
(输入矩形第一个角点的坐标值)

指定另一个角点或 [面积(A)/尺寸(D)/旋转(R)]:@420,297 ✓(输入矩形另一个角点的相对坐标值)

即完成图幅外边框的绘制,如图 6-17 所示。

2.3.2 绘制 A3 图幅的内边框

将"粗实线"层设为当前图层,单击绘图工具栏中的"矩形"图标▱,命令窗口提示如下。

命令:_rectang ✓

指定第一个角点或 [倒角(C)/标高(E)/圆角(F)/厚度(T)/宽度(W)]:10,10 ✓
(输入矩形第一个角点的坐标值)

指定另一个角点或 [面积(A)/尺寸(D)/旋转(R)]:@400,277 ✓(输入矩形另一个角点的相对坐标值)

即完成图幅内边框的绘制,如图 6-17 所示。

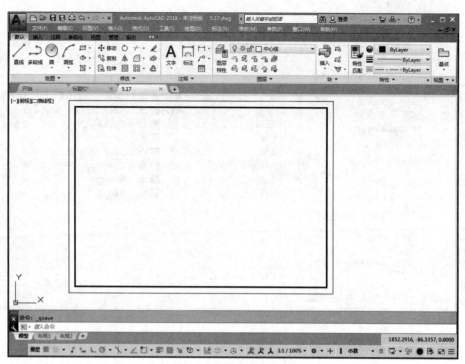

图 6-17　绘制图幅的边框

2.3.3　绘制标题栏

参阅项目 2 中的任务 5 绘制图 6-15 中的标题栏，完成后的图形如图 6-18 所示。

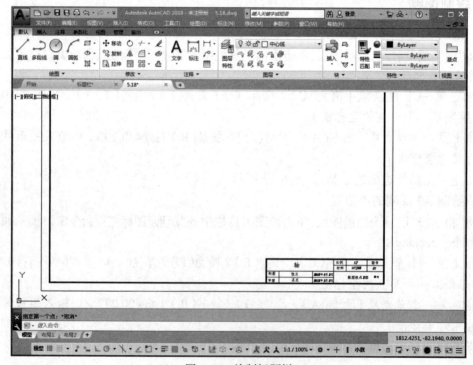

图 6-18　绘制标题栏

2.4 绘制主视图

由于图形上下对称,所以先绘制上半部分图形,然后用"镜像"命令快速完成下半部分图形的绘制。

2.4.1 绘制轴线

将"中心线"层设为当前图层,用"直线"命令绘制轴线,命令窗口提示如下。

命令:_line 指定第一点:(在绘图区的适当位置单击,确定中心线的起点)

指定下一点或[放弃(U)]:270(画水平线,长度为270)

指定下一点或[放弃(U)]:(按 Enter 键结束命令)

即完成轴线的绘制,如图6-19所示。

2.4.2 绘制轴的上半部分

(1)将"粗实线"层设为当前图层,用"直线"命令绘制出左端轮廓线。命令窗口提示如下。

命令:_line 指定第一点:(拾取轴线的起点)

指定下一点或[放弃(U)]:3(左端轮廓线离轴线端部的距离)

指定下一点或[放弃(U)]:22.5(左端轮廓线长度的1/2)

指定下一点或[闭合(C)/放弃(U)]:↙(结束绘制直线的命令)

命令:_erase 找到 1 个(删除长度为3的辅助线)

所绘图形如图6-19所示。

(2)用"构造线"命令中的"偏移"命令完成轴的上半部分轮廓线的绘制。

①绘制左端第一轴段的右侧铅垂轮廓线,命令窗口提示如下。

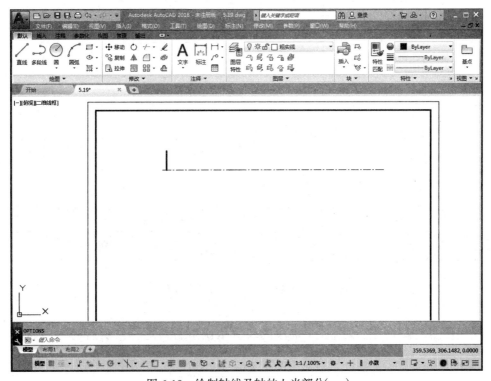

图6-19 绘制轴线及轴的上半部分(一)

命令:_xline 指定点或 [水平(H)/ 垂直(V)/ 角度(A)/ 二等分(B)/ 偏移(O)]:o✓(偏移构造线)

指定偏移距离或 [通过(T)]< 通过 >:20✓(输入偏移距离)

选择直线对象:(拾取刚才绘制的轴的左端轮廓线)

指定向哪侧偏移:(向右偏移)

选择直线对象:(单击鼠标右键结束命令)

说明:亦可通过修改工具栏中的"偏移"命令实现构造线的偏移,但必须注意随时改变线型,以下同。

②绘制其他轴段的铅垂轮廓线。重复"构造线"命令中的"偏移"命令,将刚才偏移的直线继续向右偏移 12 个图形单位。依次类推,根据各个轴段的长度偏移相应的距离,完成各个轴段的铅垂轮廓线的绘制。

③绘制各个轴段的水平轮廓线。重复"构造线"命令中的"偏移"命令,将轴线分别向上偏移 22.5、32.5、29、27.5、26 个图形单位,完成后的图形如图 6-20 所示。

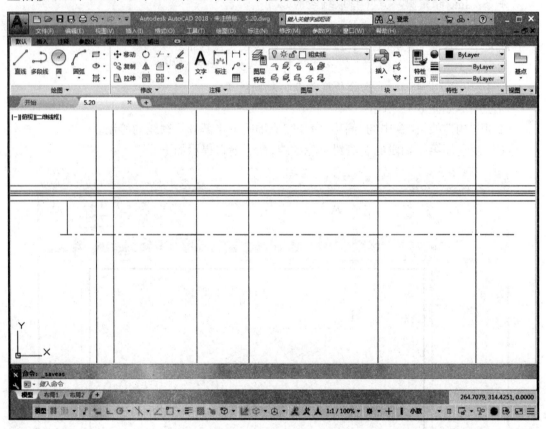

图 6-20 绘制轴线及轴的上半部分(二)

④使用"修剪"命令,根据各个轴段的尺寸依次进行修剪。修剪后的图形如图 6-21 所示。

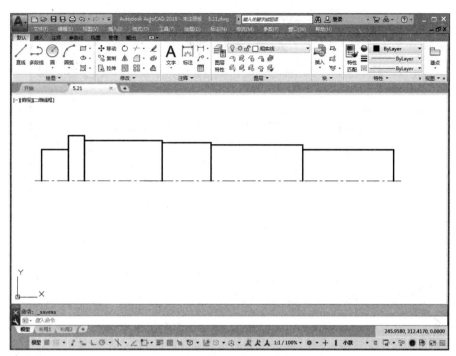

图 6-21　绘制轴线及轴的上半部分（三）

⑤绘制倒角，命令窗口提示如下。

命令：_chamfer ✓

（"修剪"模式）当前倒角距离 1 = 0.0000，距离 2 = 0.0000

选择第一条直线或 [放弃（U）/ 多段线（P）/ 距离（D）/ 角度（A）/ 修剪（T）/ 方式（E）/ 多个（M）]: D ✓（设置倒角距离）

　指定第一个倒角距离 <0.0000>:2 ✓（输入第一个倒角距离的数值）

　指定第二个倒角距离 <2.0000>:✓（接受默认数值 2 作为第二个倒角距离）

　选择第一条直线或 [放弃（U）/ 多段线（P）/ 距离（D）/ 角度（A）/ 修剪（T）/ 方式（E）/ 多个（M）]:（选择轴左端的铅垂线单击）

　选择第二条直线，或按住 Shift 键选择要应用角点的直线:（选择与之垂直的水平轮廓线单击）

　即完成轴左端倒角的绘制。

　重复执行"倒角"命令，完成轴右端倒角的绘制，如图 6-22 所示。

2.4.3　绘制轴的下半部分

用"镜像"命令完成轴的下半部分轮廓线的绘制。单击修改工具栏中的"镜像"图标 ⚐，命令窗口提示如下。

命令：_mirror ✓

选择对象:指定对角点:找到 17 个（采用窗交的方式选中轴上半部分的全部轮廓线）

选择对象:✓（单击鼠标右键）

指定镜像线的第一点:（拾取轴线与轮廓线的一个交点）

指定镜像线的第二点:（拾取轴线与轮廓线的另一个交点）

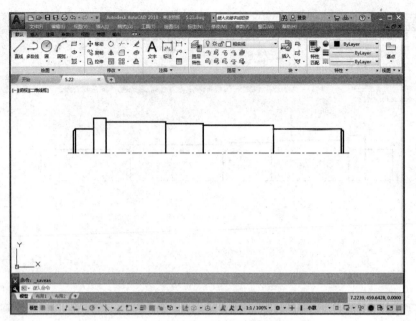

图 6-22　绘制轴线及轴的上半部分(四)

要删除源对象吗？〔是(Y)／否(N)〕<N>:↙(若直接按 Enter 键默认值"N",不删除源对象;若输入"Y"后按 Enter 键,删除源对象)

绘制完成的轴的轮廓线如图 6-23 所示。

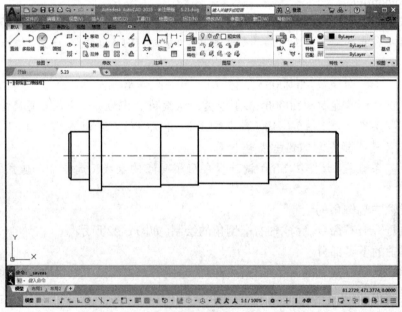

图 6-23　镜像的结果

2.4.4　绘制键槽

为方便、准确地绘制键槽,用"窗口放大"命令将轴的右半部分放大,如图 6-24 所示。

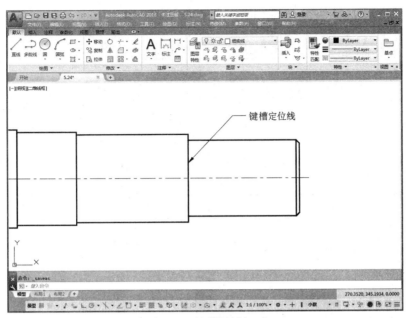

图 6-24   绘制键槽（一）

1. 确定键槽的基准线

将"中心线"层设为当前图层,执行"构造线"命令中的"偏移"命令,将键槽定位线分别向右偏移 14、57 个图形单位,两条偏移后的竖直中心线与水平轴线的交点即为两个半圆的圆心,如图 6-25 所示。

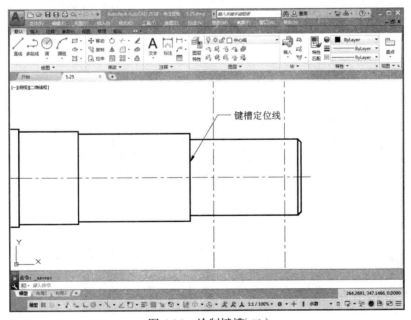

图 6-25   绘制键槽（二）

2. 绘制键槽的轮廓线

将"粗实线"层设为当前图层,首先用"圆"命令绘制两个直径为 14 的圆,然后用"构造线"命令中的"偏移"命令,将轴线分别向上和向下偏移 7 个图形单位,如图 6-26 所示。

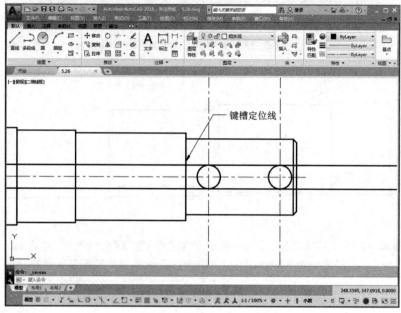

图 6-26　绘制键槽(三)

3. 修剪图形

用修改工具栏中的"修剪"命令修剪键槽上多余的圆弧和直线,结果如图 6-27 所示。

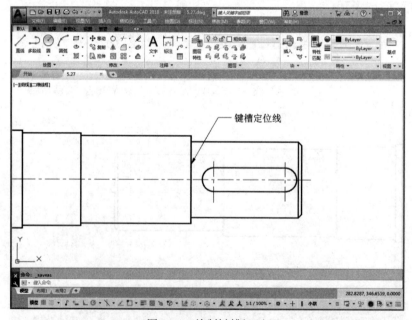

图 6-27　绘制键槽(四)

4. 绘制另一个键槽

用同样的方法绘制出另一个键槽,如图 6-28 所示。

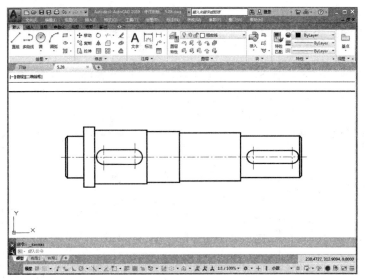

图 6-28　绘制键槽（五）

2.5　绘制断面图

2.5.1　绘制剖切符号

　　用"直线"命令绘制两段粗实线，位置在轴的键槽处，长度比图形中标注的文字的高度稍长即可。在粗实线的一端绘制一段与之垂直的细实线，再在细实线的端部绘制两个三角形，将箭头的长度确定为粗实线宽度的 3~4 倍，绘制完毕执行"图案填充"命令，选用"solid"图案填充三角形，完成一个剖切符号的绘制，然后用"复制"和"镜像"命令完成其他剖切符号的绘制。也可将剖切符号定义成"块"，在需要的位置插入即可，如图 6-29 所示。

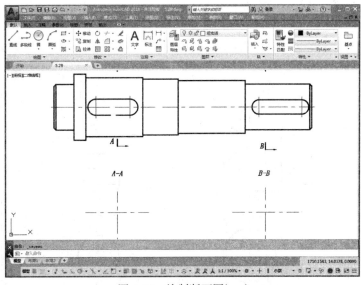

图 6-29　绘制断面图（一）

2.5.2　绘制断面图的中心线

　　将"中心线"层设为当前图层，用"直线"命令在主视图下方的适当位置绘制圆的中心线,如图 6-29 所示。

2.5.3 绘制断面图的轮廓线

1. 绘制圆

将"粗实线"层设为当前图层,用"圆"命令分别绘制直径为 58 和 45 的两个圆,如图 6-30 所示。

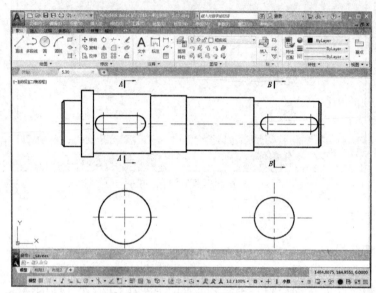

图 6-30 绘制断面图(二)

2. 绘制键槽的轮廓线

以左键槽为例说明绘制过程。执行"构造线"命令中的"偏移"命令,将圆的铅垂中心线向右偏移 23 个图形单位,将圆的水平中心线分别向上和向下偏移 8 个图形单位,结果如图 6-31 所示。

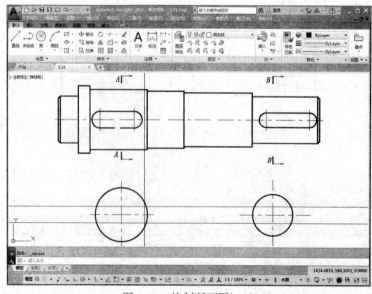

图 6-31 绘制断面图(三)

3. 修剪图形

用修改工具栏中的"修剪"命令修剪键槽上多余的圆弧和直线。

参照左侧键槽的绘制方法，可完成右侧键槽的绘制。图 6-32 所示为完成后的图形。

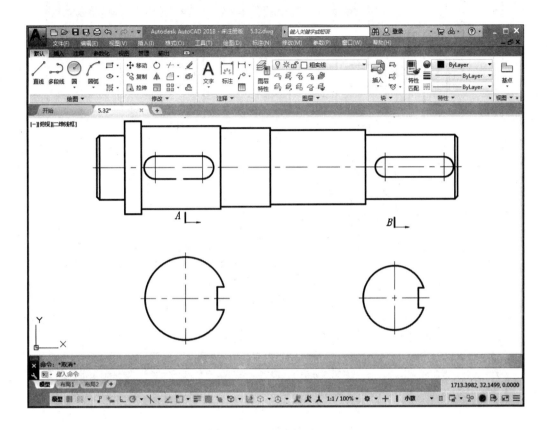

图 6-32　绘制断面图（四）

2.5.4　填充剖面线

将"剖面线"层设为当前图层，填充剖面线。单击绘图工具栏中的"图案填充"图标，命令窗口提示如下。

命令：_hatch ✓

拾取内部点或 [选择对象(S)放弃(U)设置(T)]:t ✓

弹出"边界图案填充"对话框，在该对话框中将"图案"设置为"ANSI131"，"角度"设置为"0"，"比例"设置为 2。

拾取内部点或 [选择对象(S)放弃(U)设置(T)]:(用鼠标在需要填充的区域内单击，然后按 Enter 键，结束命令)

完成后的效果如图 6-33 所示。

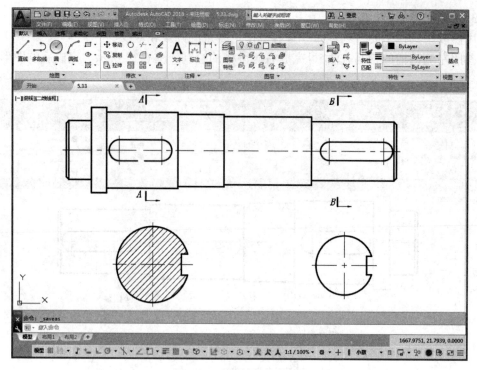

图 6-33　绘制断面图（五）

采用同样的方式完成另一个断面图的图案填充，如图 6-34 所示。

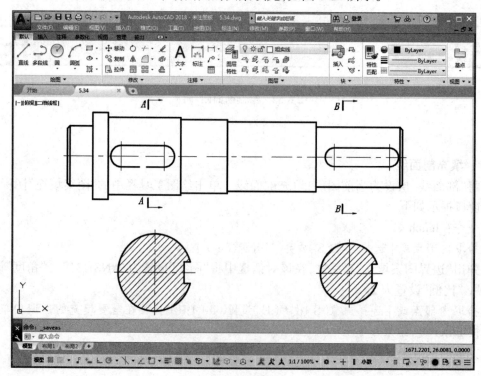

图 6-34　绘制断面图（六）

2.6　标注尺寸

2.6.1　设置文字样式

　　单击"格式"下拉菜单中的"文字样式"图标，系统打开"文字样式"对话框，如图 6-35 所示。单击"新建"按钮，系统打开"新建文字样式"对话框，如图 6-36 所示。在"新建文字样式"对话框中，将文本框中的"样式 1"修改为"标注样式"，然后单击"确定"按钮，返回"文字样式"对话框。在该对话框中，在"字体"下拉列表中选择"isocp. shx"；将"宽度因子"设置为"0.667"，"倾斜角度"设置为"15"，单击"应用"按钮。从而建立起数字和字母的文字样式。

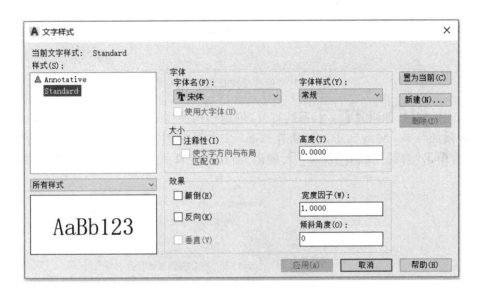

图 6-35　"文字样式"对话框

图 6-36　"新建文字样式"对话框

　　重复上述操作，在"新建文字样式"对话框中输入"文字样式"。在"字体"下拉列表中选择"宋体 _GB2312"；将"宽度因子"设置为"0.667"，"倾斜角度"设置为"0"，单击"应用"按钮并关闭对话框。至此，完成了数字、字母和汉字文字样式的设置。

2.6.2　设置尺寸标注样式

　　单击"格式"下拉菜单中的"标注样式"图标，系统打开"标注样式管理器"对话框，如图 6-37 所示。

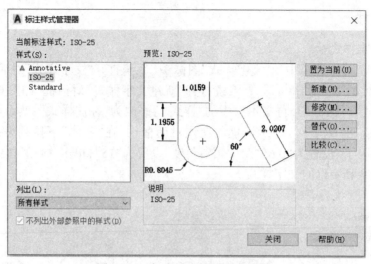

图 6-37   "标注样式管理器"对话框

单击"新建"按钮 新建(N)... ，系统打开"创建新标注样式"对话框，如图 6-38 所示。在"创建新标注样式"对话框中，将"新样式名"文本框中的"副本 ISO–25"修改为"尺寸标注"，然后单击"继续"按钮 继续 ，弹出"新建标注样式:尺寸标注"对话框，如图 6-39 所示。

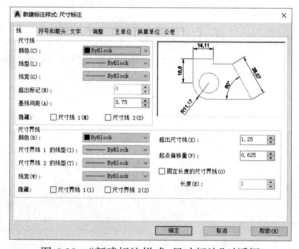

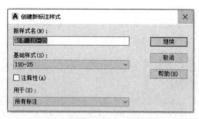

图 6-38   "创建新标注样式"对话框   图 6-39   "新建标注样式:尺寸标注"对话框

根据国家标准《机械制图》的规定设置直线、箭头和文字的标注样式。在"新建标注样式:尺寸标注"对话框中，单击进入"线"选项卡，将线设置成图 6-40 所示的样式；单击进入"符号和箭头"选项卡，将符号和箭头设置成图 6-41 所示的样式；单击进入"文字"选项卡，将文字设置成图 6-42 所示的样式。参数修改完毕后，单击"确定"按钮 确定 ，返回"标注样式管理器"对话框，如图 6-43 所示。单击"置为当前"按钮 置为当前(U) ，将新建的"尺寸标注"设为当前标注样式。单击"关闭"按钮 关闭 ，返回绘图界面，标注样式设置完成。

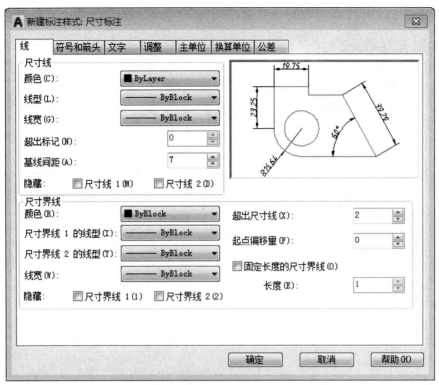

图 6-40　修改参数后的"线"选项卡

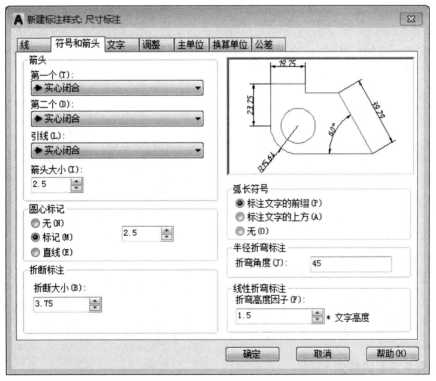

图 6-41　修改参数后的"符号和箭头"选项卡

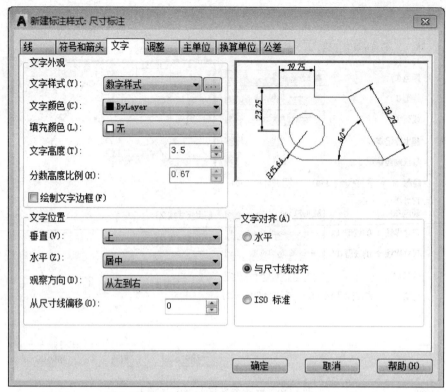

图 6-42　修改参数后的"文字"选项卡

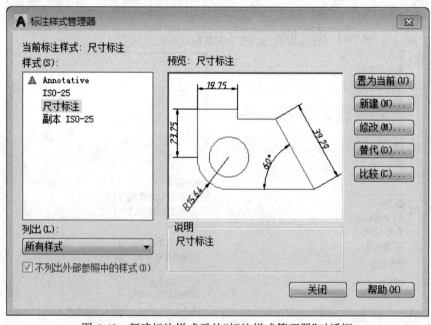

图 6-43　新建标注样式后的"标注样式管理器"对话框

2.6.3　设置多重引线样式

单击"格式"下拉菜单中的"多重引线样式"图标，系统打开"多重引线样式管理器"

对话框,如图 6-44 所示。单击"新建"按钮 新建(N)... ,系统打开"创建新多重引线样式"对话框,如图 6-45 所示。在"创建新多重引线样式"对话框中,将"新样式名"文本框中的"副本 Standard"修改为"引出标注",然后单击"继续"按钮 继续 ,弹出"修改多重引线样式"对话框,如图 6-46 所示。单击"引线格式"选项卡,将"常规"和"箭头"选项设置成如图 6-46 所示;再单击"内容"选项卡,将"文字选项"和"引线连接"下的选项设置成如图 6-47 所示。参数修改完毕后,单击"确定"按钮 确定 ,返回"多重引线样式管理器"对话框,如图 6-48 所示。单击"置为当前"按钮 置为当前(U) ,将新建的"引出标注"设为当前引线标注样式。单击"关闭"按钮 关闭 ,返回绘图界面,引线标注样式设置完成。

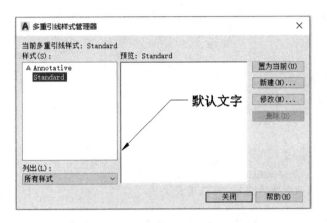

图 6-44　"多重引线样式管理器"对话框

图 6-45　"创建新多重引线样式"对话框

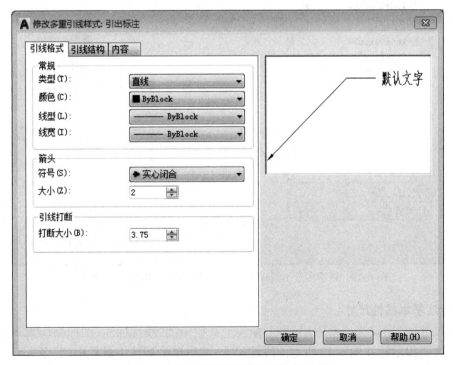

图 6-46　修改参数后的"引线格式"选项

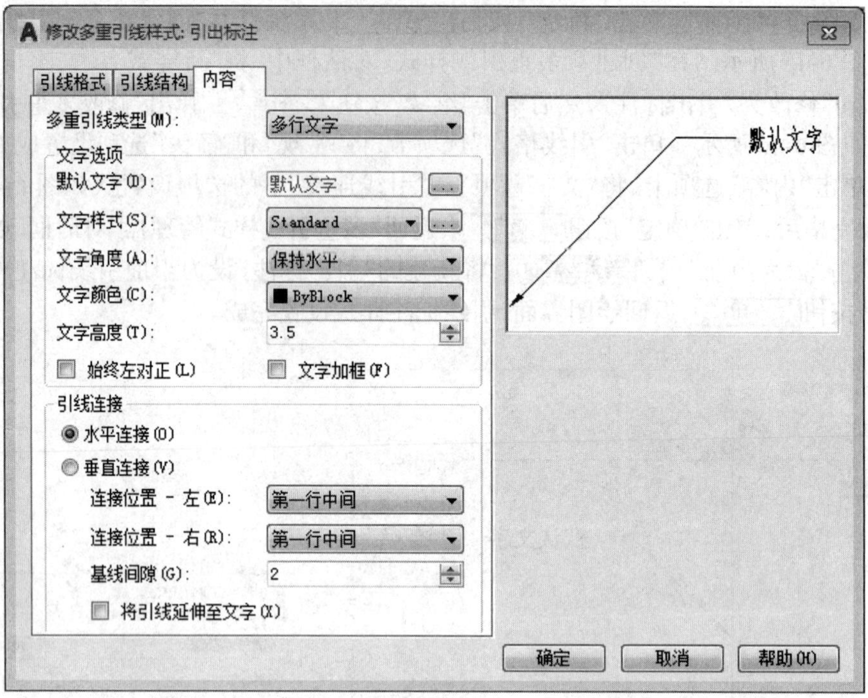

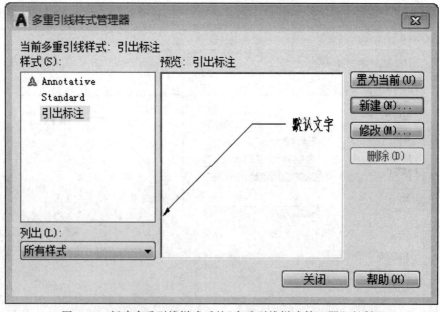

图 6-47　修改参数后的"内容"选项卡

图 6-48　新建多重引线样式后的"多重引线样式管理器"对话框

2.6.4　标注基本线性尺寸

将"尺寸线"层设为当前图层,单击标注工具栏中的"线性标注"图标 ⊢┤线性 ▾,出现命令提示,按照提示标注图 6-49 所示的线性尺寸;然后单击标注工具栏中的"多重引线"图标 ⌐⁰多重引线 ▾,出现命令提示,按照提示标注图 6-50 所示的倒角尺寸。

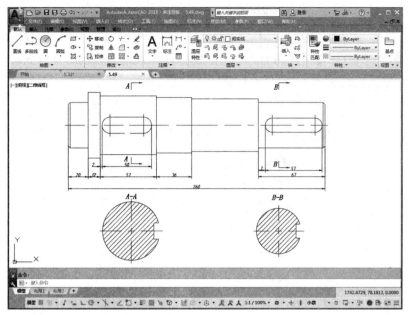

图 6-49　标注尺寸(一)

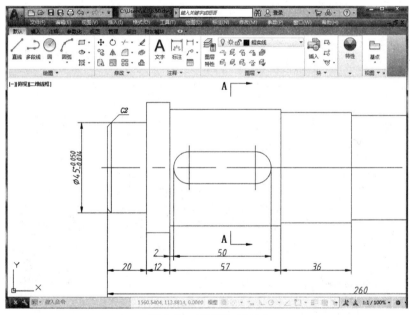

图 6-50　标注尺寸(二)

2.6.5　标注带有公差的尺寸

1. 设置公差标注样式

单击"格式"下拉菜单中的"标注样式"图标 ，系统打开"标注样式管理器"对话框，单击"新建"按钮 新建(N)... ，系统打开"创建新标注样式"对话框，在"创建新标注样式"对话框中，将"新样式名"文本框中的"副本尺寸标注"修改为"公差"，然后单击"继续"按钮 继续 ，弹出"新建标注样式"对话框。打开"公差"选项卡，将各选项设置成如图 6-51

所示。打开"主单位"选项卡,将"前缀"设置为 %%c,表示在尺寸数字前添加符号"φ",如图 6-52 所示。单击"确定"按钮 确定 ,返回"标注样式管理器"对话框,再单击"置为当前"按钮 置为当前(U) ,将新建的名为"公差"的标注样式设为当前标注样式。单击"关闭"按钮 关闭 ,返回绘图界面,公差标注样式设置完成。

图 6-51 "公差"选项卡的设置

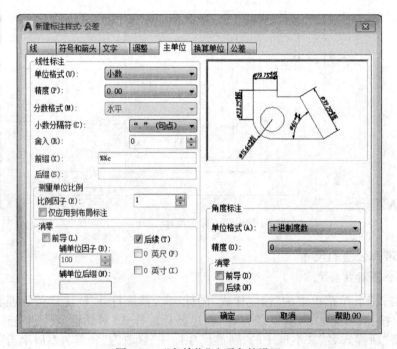

图 6-52 "主单位"选项卡的设置

2. 标注公差尺寸

公差尺寸的标注方法与线性尺寸相同,即用"线性标注"命令进行标注即可。图6-50所示为标注的轴左端的轴颈尺寸。

注意:每标注一个公差尺寸,就要设置一个新的公差标注样式,即在"公差"标注样式的基础上,一是将"公差"选项卡中的"上偏差""下偏差"设置成相应的数值,二是若没有前缀"ϕ",如图6-53所示,就将"主单位"选项卡中的"前缀"项清除,然后将新设置的公差标注样式置为当前,再按照"线性标注"命令进行标注即可,图6-54所示为完成标注后的图形。

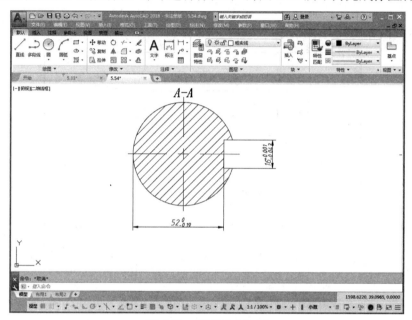

图6-53　标注尺寸(三)

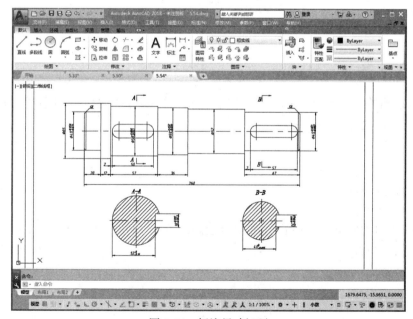

图6-54　标注尺寸(四)

2.7 标注表面结构符号

参考本项目任务 1 中表面结构符号的绘制方法绘制基本符号,并创建块,块名为"表面结构符号"。将表面结构参数定义为块的附带属性,并将表面结构符号连同表面结构参数一起创建为块。在图 6-55 的适当位置插入附带 *Ra*3.2、*Ra*1.6、*Ra*0.8、*Ra*6.3 属性的表面结构符号。

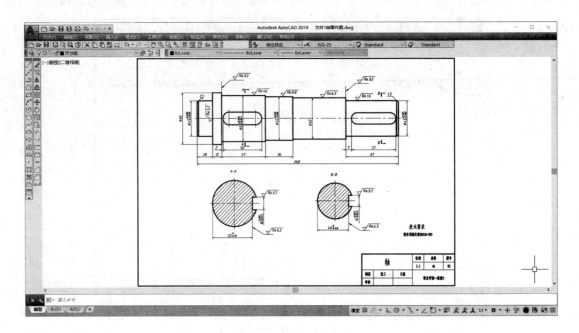

图 6-55 绘制完成的全图

2.8 检查修改、存盘

对全图进行检查修改,确认无误后存盘,完成"轴"零件图的绘制。(注意:在绘图过程中要及时存盘,以避免文件丢失)

 任务拓展

在规定的时间内,按机械制图标准规范绘制图 6-15 所示的轴的零件图,并完成全部标注和标题栏的填写。

任务3 轮盘类零件图的绘制

任务引入

抄画图 6-56 所示的零件图,要求:A4 图幅竖放,比例为 1∶1。

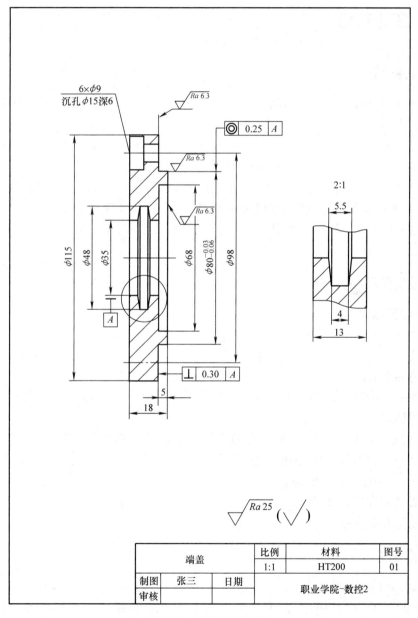

端盖		比例	材料	图号
		1:1	HT200	01
制图	张三	日期	职业学院-数控2	
审核				

图 6-56 端盖的零件图

任务目标

（1）熟练运用点坐标值输入法。

（2）掌握局部放大图的绘制方法。

（3）掌握样条曲线的绘制方法，熟练运用复制、修剪等编辑命令。

（4）学会引出说明的标注方法。

任务实施

3.1 读图并分析

轮盘类零件一般由在同一条轴线上的不同直径的圆柱体组成，其厚度相对于直径小得多，呈盘状，周边常均布一些孔、槽、肋和轮辐等。

轮盘类零件主要在车床上加工，所以考虑到零件的加工位置，主视图常将轴线水平绘制，以便于加工时读图。画图时，主视图一般采用全剖视图，并根据均布结构的分布情况，常常选择相交剖切面。如果均布结构相对复杂，还可以选用左视图，以表达孔、槽的分布情况。

图 6-56 所示端盖的零件图由两个图形组成，一个为全剖视的主视图，另一个为局部放大图。通过分析可知，该端盖由两段直径不同的圆柱体组成，中间部位加工出阶梯孔，端盖外缘均布着六个圆柱形沉孔。

3.2 设置绘图环境

3.2.1 新建图形文件

单击文件管理工具栏中的"新建"图标 （或单击"控制"图标 ，选择 "文件"→"新建"命令），新建一个图形文件。在文件名右侧的"打开"选项卡中选择公制，并赋名存盘。

3.2.2 设置图形界限

在命令窗口中输入 limits，将左下角点设为（0，0），右上角点设为（210，297）。

3.2.3 设置图层

单击图层工具栏中的"图层特性管理器"图标 ，系统将打开"图层特性管理器"对话框，单击"新建"按钮，建立中心线、粗实线、细实线、剖面线和尺寸线五个图层，并对每个图层的线型、颜色等进行相应的设置。

3.2.4 设置文字样式、标注样式

参考前述相关内容。

3.3 绘制图幅

3.3.1 绘制 A4 图幅的外边框

将"细实线"层设为当前图层，单击绘图工具栏中的"矩形"图标 ，绘制一个左下坐标角为（0，0），右上角点坐标为（210，297）的矩形线框，结果如图 6-57 所示。

3.3.2 绘制 A4 图幅的内边框

将"粗实线"层设为当前图层,单击绘图工具栏中的"矩形"图标 ▢,绘制一个左下角点坐标为(10,10),右上角点坐标为(200,287)的矩形线框,结果如图 6-57 所示。

3.3.3 绘制标题栏

参照本项目中的任务 2 绘制图 6-56 所示的标题栏,完成后的图形如图 6-57 所示。

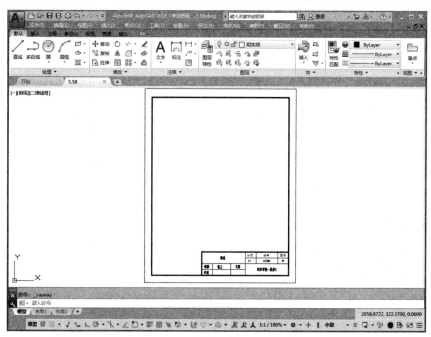

图 6-57 绘制图幅和标题栏

3.4 绘制主视图

由于表示沉孔的图线在上面,所以先绘制端盖的下半部分图形,然后用"镜像"命令快速完成上半部分图形的绘制,再绘制沉孔的轮廓线。

3.4.1 绘制对称线

将"中心线"层设为当前图层,在适当的位置运用"直线"命令绘制零件的对称线。

3.4.2 绘制端盖下半部分的轮廓线

将"粗实线"层设为当前图层,运用"直线"命令,结合极轴追踪、自动追踪及直接给定距离的方式完成端盖下半部分轮廓线的绘制。具体操作如下。

命令:_line 指定第一点:(用鼠标拾取中心线的左起点)

指定下一点或 [放弃(U)]:3 ✓(鼠标向右移,通过键盘输入距离 3)

指定下一点或 [放弃(U)]:57.5 ✓(鼠标向下移,通过键盘输入距离 57.5)

指定下一点或 [闭合(C)/ 放弃(U)]:13 ✓(鼠标向右移,通过键盘输入距离 13)

指定下一点或 [闭合(C)/ 放弃(U)]:17.5 ✓(鼠标向上移,通过键盘输入距离 17.5)

指定下一点或 [闭合(C)/ 放弃(U)]:5 ✓(鼠标向右移,通过键盘输入距离 5)

指定下一点或 [闭合(C)/ 放弃(U)]:6 ✓(鼠标向上移,通过键盘输入距离 6)

指定下一点或 [闭合（C）/ 放弃（U）]:5 ✓（鼠标向左移,通过键盘输入距离5）

指定下一点或 [闭合（C）/ 放弃（U）]:34 ✓（鼠标向上移,通过键盘输入距离34）

指定下一点或 [闭合（C）/ 放弃（U）]:✓

删去起始线段3,结果如图6-58所示。

用"构造线"命令中的"偏移"命令和"修改"工具栏中的"修剪"命令完成端盖下半部分其他轮廓线的绘制。先将中心线分别向下偏移17.5和24个图形单位,然后将左侧轮廓线分别向右偏移3.75、4.5、8.5、9.25和18个图形单位,如图6-59所示。

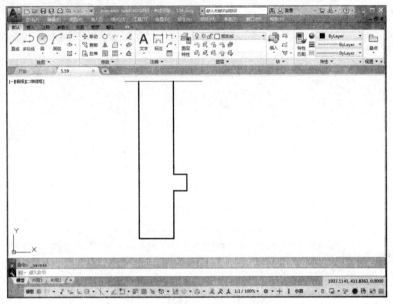

图 6-58　绘制端盖的主视图（一）

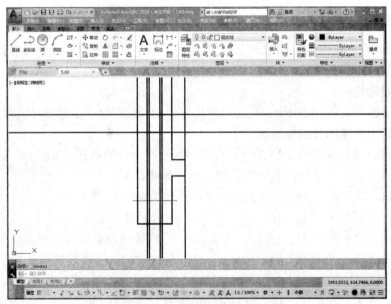

图 6-59　绘制端盖的主视图（二）

用"修剪"命令对多余的图线进行修剪,结果如图 6-60 所示。

3.4.3　绘制密封槽的斜轮廓线

用"直线"命令分别将 1、2 点和 3、4 点连起来,结果如图 6-61 所示。

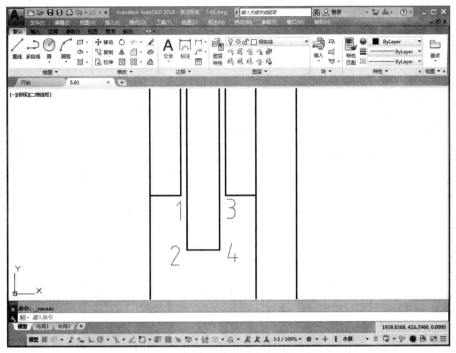

图 6-60　绘图端盖的主视图(三)

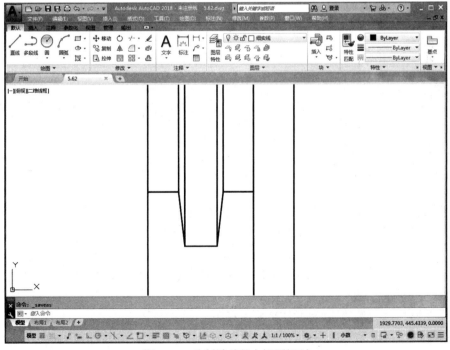

图 6-61　绘制端盖的主视图(四)

3.4.4 绘制端盖上半部分的轮廓线

用"镜像"命令完成端盖上半部分轮廓线的绘制,具体操作如下。

命令:_mirror ✓

选择对象:(选中端盖下半部分的所有轮廓线)✓

选择对象:✓

指定镜像线的第一点:(拾取轴线上的任意一点)

指定镜像线的第二点:(拾取轴线上的任意第二点)

要删除源对象吗? [是 (Y)/ 否 (N)] <N>:✓

结果如图 6-62 所示。

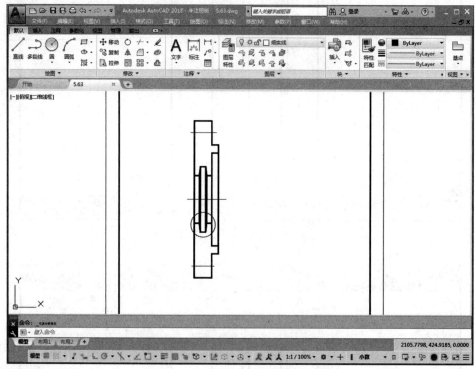

图 6-62　绘制端盖的主视图(五)

3.4.5 绘制沉孔的轮廓线

用"偏移"命令完成沉孔轮廓线的绘制,具体操作如下。

命令:_offset ✓

当前设置:删除源 = 否　图层 = 源　OFFSETGAPTYPE=0

指定偏移距离或 [通过 (T)/ 删除 (E)/ 图层 (L)] <9.2500>:49 ✓(中心线偏移 49)

选择要偏移的对象,或 [退出 (E)/ 放弃 (U)] < 退出 >:(拾取端盖的中心线)

指定要偏移的那一侧上的点,或 [退出 (E)/ 多个 (M)/ 放弃 (U)] < 退出 >:(在中心线上方单击)

选择要偏移的对象,或 [退出 (E)/ 放弃 (U)] < 退出 >:✓

将"粗实线"层设为当前图层,用"构造线"命令中的"偏移"命令将沉孔的中心线分别向上和向下偏移 7.5 和 4.5 个图形单位,将左侧轮廓线向右偏移 6 个图形单位,如图 6-63 所示。

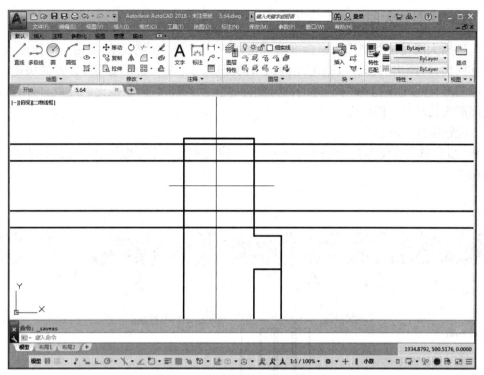

图 6-63　绘制端盖的主视图(六)

用"修剪"命令进行合理的修剪,完成沉孔轮廓线的绘制,如图 6-64 所示。

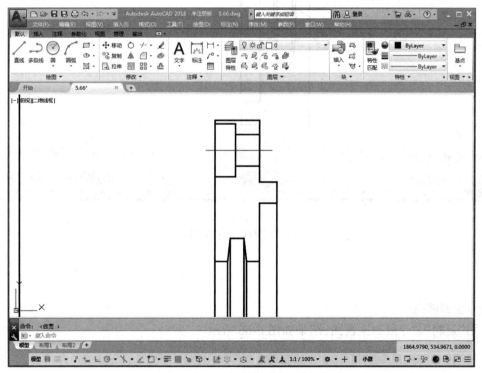

图 6-64　绘制端盖的主视图(七)

3.5 绘制局部放大图

局部放大图是按照制图国家标准的规定,将已知图形中的某一局部用一个圆形或长圆形线框圈出,将圈出的部分按指定比例画出的图形。用 AutoCAD 绘图,为方便快捷,往往复制原图形,在复制图上将"圈"外的部分删除,然后用"缩放"命令按比例缩放,再用波浪线取代圆形或长圆形线框即可。

3.5.1 标识待放大的部分

将"细实线"层设为当前图层,在待放大的区域绘制圆,标识出要放大的部位,如图 6-65 所示。

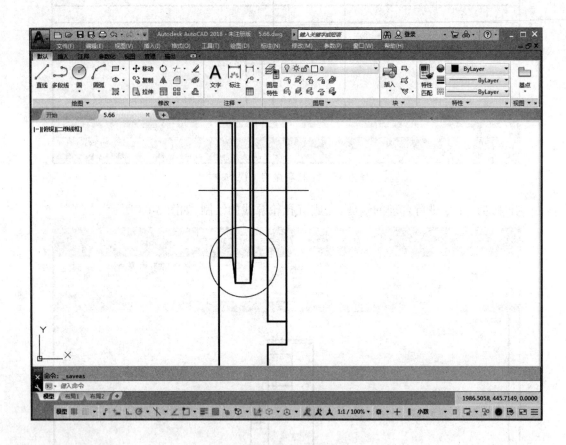

图 6-65 绘制局部放大图(一)

3.5.2 复制图形

用"复制"命令复制主视图,结果如图 6-66 所示。

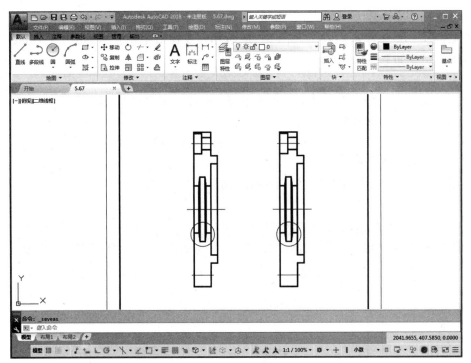

图 6-66　绘制局部放大图(二)

3.5.3　修剪并缩放图形

用"修剪"命令,以刚刚绘制的圆为剪切边,对"圈"外的部分进行修剪,修剪完后删除多余的图线,结果如图 6-67 所示。

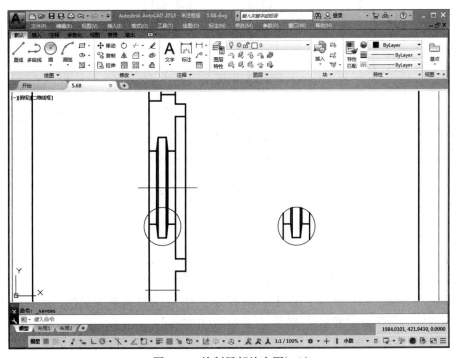

图 6-67　绘制局部放大图(三)

3.5.4 按比例将图形放大

在修改工具栏中单击"缩放"图标，或者在命令窗口中输入"scale"并按 Enter 键，命令窗口中将出现如下提示。

命令:SCALE ↙

选择对象:指定对角点:找到 10 个(采用窗口的方式选中待放大的对象)

选择对象:↙(结束对象选择)

指定基点:(用鼠标拾取图形放大的基点,基点一般为待放大图形的中心点)

指定比例因子或 [复制 (C)/ 参照 (R)] <1.0000>:2 ↙(放大倍数为 2)

按照命令提示完成操作,结果如图 6-68 所示。

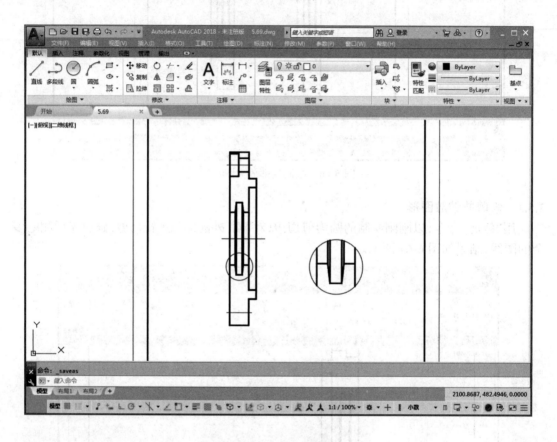

图 6-68　绘制局部放大图(四)

3.5.5 绘制波浪线

在局部放大图上删去圆,然后用"样条曲线"命令绘制波浪线。在绘图工具栏中单击"样条曲线"图标，命令窗口中出现提示,按提示操作,绘制两条波浪线,如图 6-69 所示;用"修剪"命令剪切掉多余的线段,结果如图 6-70 所示。

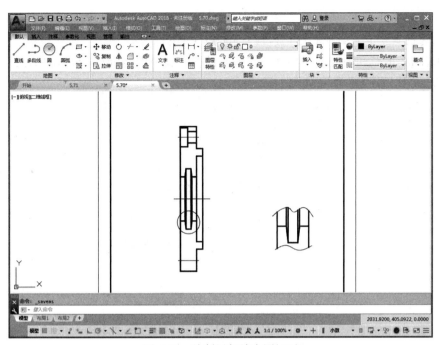

图 6-69　绘制局部放大图（五）

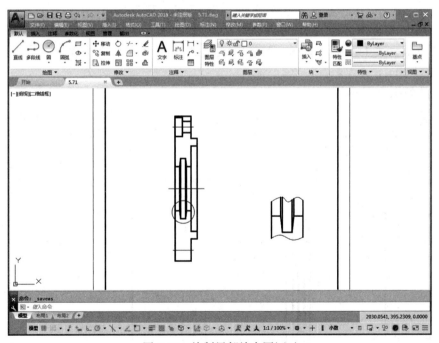

图 6-70　绘制局部放大图（六）

3.6　绘制剖面线

　　将"剖面线"层设为当前图层,填充剖面线。单击绘图工具栏中的"图案填充"图标 ,命令窗口提示如下。

命令:_hatch ✓

拾取内部点或 [选择对象 (S) 放弃(U)设置(T)]: t ✓

弹出"图案填充和渐变色"对话框,在该对话框中,将"图案"设置为"ANSI131","角度"设置为"0","比例"设置为 1,如图 6-71 所示。

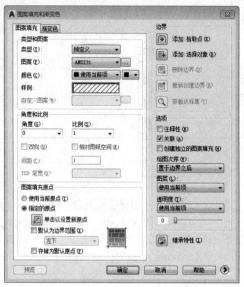

图 6-71　"图案填充和渐变色"对话框

拾取内部点或 [选择对象 (S) 放弃(U)设置(T)]:(用鼠标左键在需要填充的区域内单击,然后按 Enter 键结束命令)

完成的效果如图 6-72 所示。

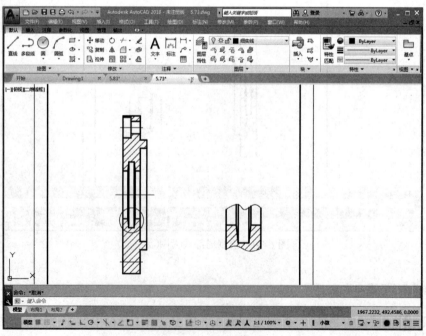

图 6-72　填充剖面线

3.7　标注尺寸

3.7.1　标注沉孔尺寸

将“尺寸线”层设为当前图层，单击标注工具栏中的“多重引线”图标 多重引线，命令窗口中出现提示，按照提示，参照本项目中的任务 2 完成引线的标注，并用“文字”命令填写水平线下面的文本，结果如图 6-73 所示。

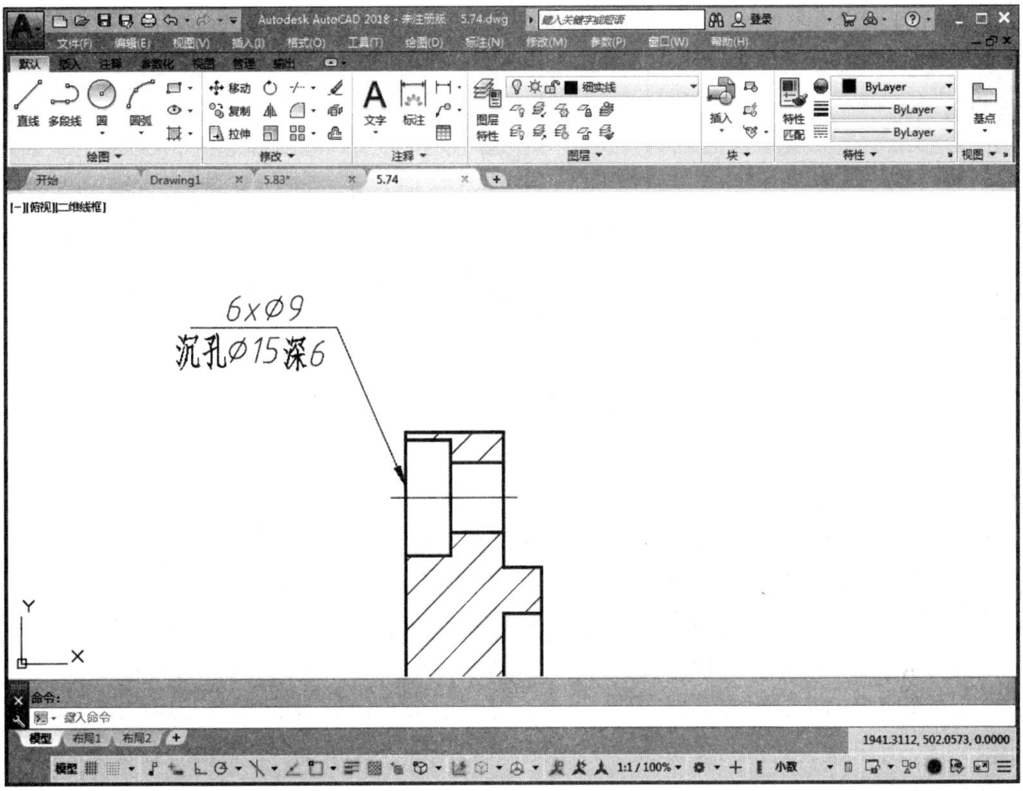

图 6-73　沉孔尺寸标注

3.7.2　标注线性尺寸

单击标注工具栏中的“线性标注”图标 线性，命令窗口中出现提示，按照提示标注图 6-57 所示的线性尺寸，结果如图 6-74 所示。

3.8　标注表面结构符号和形位公差

3.8.1　标注表面结构符号

参照本项目中的任务 2 标注图中的表面结构符号，结果如图 6-74 所示。

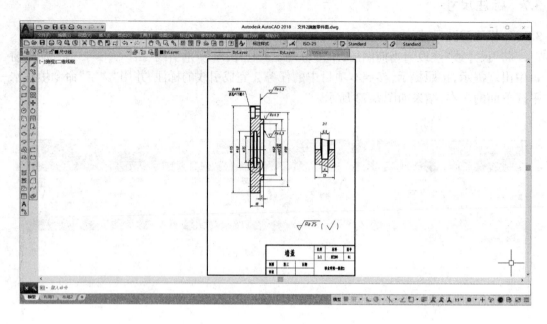

图 6-74　线性尺寸和表面结构符号标注

3.8.2　标注形位公差

在"格式"下拉菜单中单击"多重引线"图标 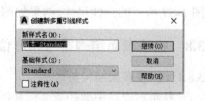，系统弹出"多重引线样式管理器"对话框，如图 6-75 所示。在对话框中单击"新建"按钮 新建(N)... ，弹出"创建新多重引线样式"对话框，如图 6-76 所示。在"新样式名"中输入引线样式的名称，如"引线样式2"，然后单击"继续"按钮 继续(O) ，将出现"修改多重引线样式"对话框，如图 6-77 所示。在"常规"选项组的"类型"选项中选择"直线"，在"箭头"选项组的"符号"选项中选择"无"，单击"确定"按钮 确定 ，返回"多重引线样式管理器"对话框，然后单击"置为当前"和"关闭"按钮，完成设置，返回绘图环境。

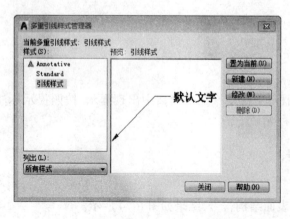

图 6-75　"多重引线样式管理器"对话框

图 6-76　"创建新多重引线样式"对话框

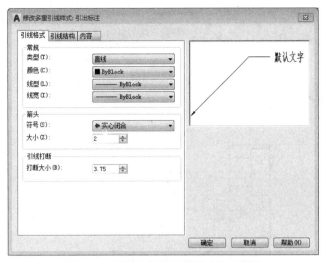

图 6-77　"修改多重引线样式"对话框

在"标注"下拉菜单中单击"公差"图标，弹出如图 6-78 所示的"形位公差"对话框，在该对话框中单击"符号"选项下面的小黑框，弹出如图 6-79 所示的"特征符号"对话框，选择其中的相关符号，返回"形位公差"对话框。

在"公差 1"文本框中输入公差值 0.25，在"基准 1"文本框中输入 A，如图 6-80 所示，单击"确定"按钮，完成形位公差的标注，结果如图 6-81 所示。

3.8.3　标注基准代号

用"直线"和"矩形"命令绘制基准代号。将"细实线"层设为当前图层，绘制边长为 3 的矩形，在矩形内输入字母 A；执行"直线"命令，捕捉矩形下边线的中点，绘制长度为 3 的直线；将"粗实线"层设为当前图层，以细实线的端点为中心，绘制长度为 5 的粗实线。

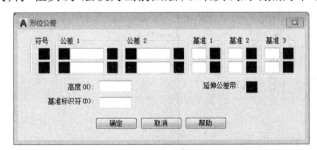

图 6-78　"形位公差"对话框

图 6-79　"特征符号"对话框

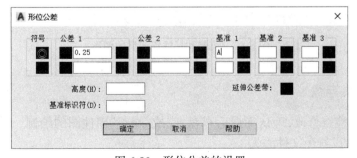

图 6-80　形位公差的设置

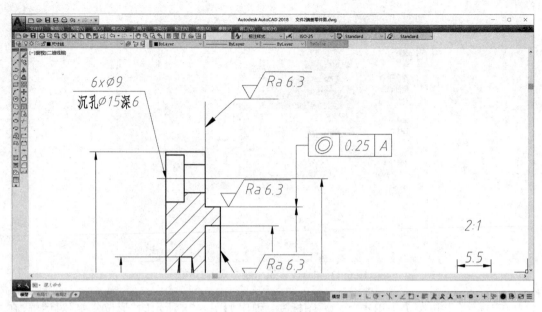

图 6-81　形位公差的标注

　　将绘制完成的基准代号移到标注处，完成基准代号的标注，如图 6-82 所示。按照同样的方法标注垂直度形位公差，标注完成后的图形如图 6-82 所示。

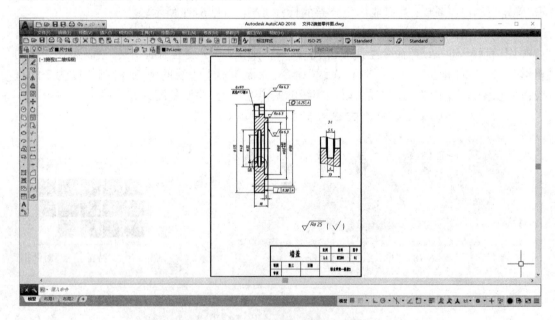

图 6-82　绘制和标注完成后的图形

3.9　检查修改、存盘

　　对全图进行检查修改，确认无误后存盘，完成"端盖"零件图的绘制。（注意：在绘图过程中要及时存盘，以避免文件丢失）

任务拓展

在规定的时间内,按制图标准规范绘制图 6-56 所示的端盖零件图,并完成全部标准和标题栏的填写。

任务 4　叉架类零件图的绘制

任务引入

抄画图 6-83 所示的零件图,要求:A3 图幅横放,比例 1∶1。

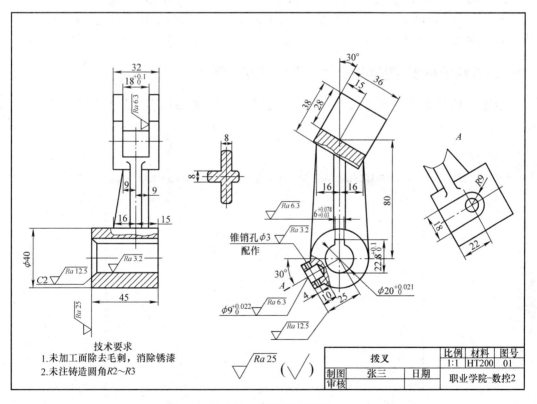

图 6-83　拨叉的零件图

任务目标

(1)熟练利用构造线(辅助线)绘制三视图。

171

（2）学会过渡线的绘制方法。

（3）掌握向视图的绘制方法，熟练运用"修剪"和"圆角"命令。

（4）掌握调整图形位置的技巧。

 任务实施

4.1 读图并分析

叉架类零件比较复杂，一般有倾斜、弯曲的结构，常用铸造和锻压的方法制造毛坯，然后进行切削加工。

叉架类零件的各加工面往往是在不同的机床上加工的，零件一般按工作位置放置，主视图常采用剖视的方法，主要表达零件的形状和结构特征。除主视图外还需采用断面图、局部视图等其他视图表达零件结构的细节部分。

图 6-83 所示拨叉的零件图由 4 个图形组成，分别为局部剖视的主视图和左视图，一个向视图和一个移出断面图。通过分析可知，该拨叉的下半部分主要为带孔的圆柱，上半部分为 U 形拨叉，中间用一个十字形肋板连接。

4.2 设置绘图环境、图幅并绘制图框和填写标题栏

参照本项目中的任务 2 设置绘图环境、图幅并绘制图框和填写标题栏，结果如图 6-84 所示。

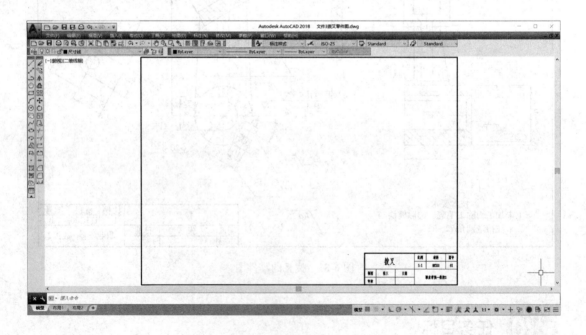

图 6-84 绘制图框和填写标题栏

4.3　绘制零件底部圆柱的主、左视图

4.3.1　绘制中心线

将"中心线"层设为当前图层,在适当的位置用"直线"命令分别绘制主视图和左视图的水平和铅垂中心线,即长度、高度和宽度的基准线,结果如图 6-85 所示。

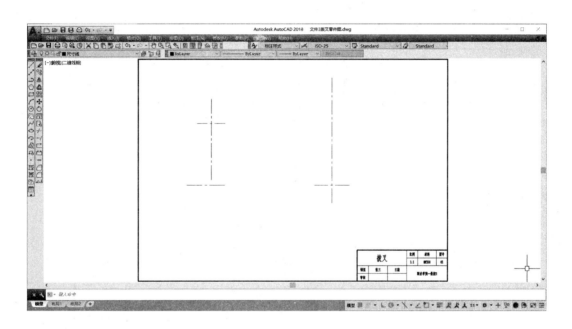

图 6-85　主、左视图基准线的绘制

4.3.2　绘制圆柱的外轮廓

1.绘制底部圆柱左视图的外轮廓

将"粗实线"层设为当前图层,用"圆"命令分别绘制直径为 40 和 20 的圆;用"构造线"命令中的"偏移"命令将铅垂中心线分别向两侧偏移 3 个图形单位。

2.绘制底部圆柱主视图的外轮廓

仍将"粗实线"层设为当前图层,用"构造线"命令中的"偏移"命令将主视图中的水平中心线分别向上下各偏移 20 个图形单位;然后将水平"中心线"向下偏移 10 个图形单位,再将偏移得到的直线向上偏移 22.8 个图形单位;最后过左视图中直径为 20 的圆与两条铅垂线的交点绘制水平线(键槽底部的轮廓线),结果如图 6-86 所示。

用修剪命令对多余的图线进行修剪,结果如图 6-87 所示。

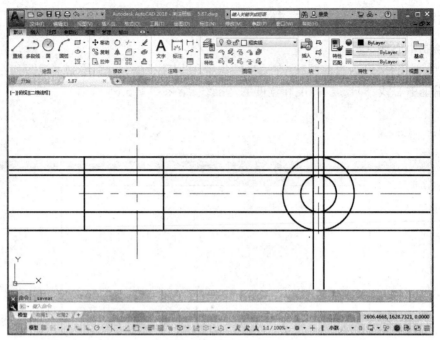

图 6-86　绘制拨叉底部圆柱的主、左视图（一）

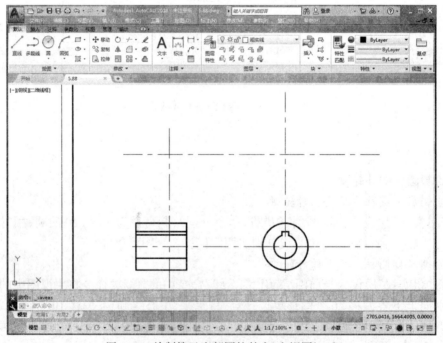

图 6-87　绘制拨叉底部圆柱的主、左视图（二）

4.4　绘制零件顶部 U 形部分的主、左视图

4.4.1　绘制零件顶部 U 形部分的左视图

将"中心线"层设为当前图层,把左视图的水平中心线,即高度的基准线向上偏移 80 个

图形单位,得到一个交点 A。过 A 点,使用"直线"命令,结合极轴追踪和自动追踪方式,快速绘制与铅垂方向分别成 30° 和 60° 角的辅助线,结果如图 6-88 所示。

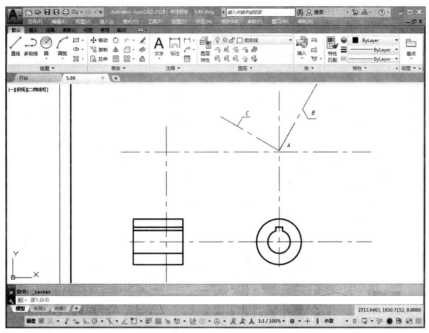

图 6-88　绘制拨叉顶部 U 形部分的左视图(一)

将"粗实线"层设为当前图层,用"构造线"命令中的"偏移"命令将辅助线 B 向左上偏移 15,向右下偏移 21;将辅助线 C 向右上偏移 28,向左下偏移 10;将所得的构造线向右上偏移 10,并适当修剪,结果如图 6-89 所示。

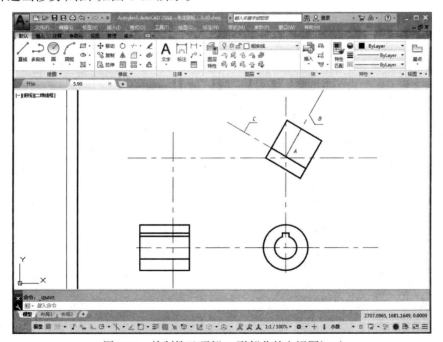

图 6-89　绘制拨叉顶部 U 形部分的左视图(二)

4.4.2 绘制零件顶部 U 形部分的主视图

将"粗实线"层设为当前图层,用"构造线"命令中的"偏移"命令将主视图中的铅垂中心线分别向左、右偏移 16、9 个图形单位。为保持"高平齐"的投影关系,用"直线"命令过左视图顶部轮廓线的各个交点向左绘制水平线,结果如图 6-90 所示。

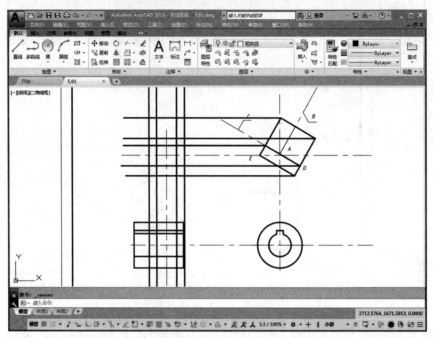

图 6-90 绘制拨叉顶部 U 形部分的主视图(一)

用"修剪"命令对多余的图线进行修剪,结果如图 6-91 所示。

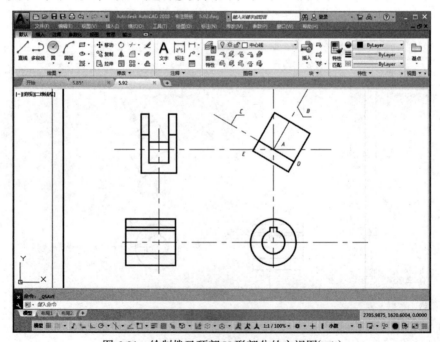

图 6-91 绘制拨叉顶部 U 形部分的主视图(二)

4.5 绘制零件中部十字肋板的主、左视图

4.5.1 绘制零件中部十字肋板的左视图

将"细实线"层设为当前图层,用"构造线"命令中的"偏移"命令将左视图中的中心线,即宽度的基准线分别向左、右两侧偏移 16 个图形单位,得到两条辅助线,辅助线与图形轮廓的交点为 D 和 E。

将"粗实线"层设为当前图层,用"直线"命令分别过 D 点和 E 点作下部圆的切线。然后用"构造线"命令中的"偏移"命令将左视图中的中心线,即宽度的基准线分别向两侧偏移 4 个图形单位。结果如图 6-92 所示。

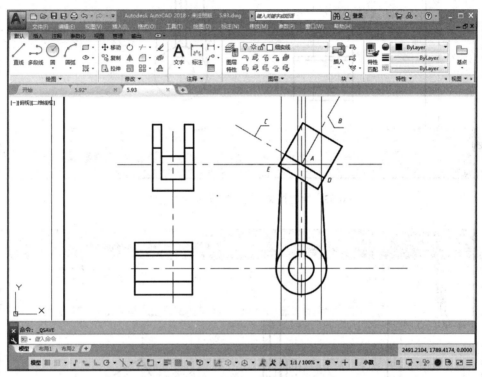

图 6-92 绘制拨叉中部十字肋板的左视图(一)

用修剪命令对多余的图线进行修剪;用"删除"命令删除过 D 点和 E 点的两条辅助线。结果如图 6-93 所示。

4.5.2 绘制零件中部十字肋板的主视图

将"细实线"层设为当前图层,用"构造线"命令中的"偏移"命令将主视图中的中心线,即十字肋板的前对称线分别向左、右偏移 9、16 个图形单位,得到两条辅助线,辅助线与图形轮廓的交点为 F 和 G。

将"粗实线"层设为当前图层,用"直线"命令连接 F、G 两点。然后用"构造线"命令中的"偏移"命令将主视图中的"中心线"向左侧偏移 4 个图形单位,向右侧偏移 4 和 9 个图形单位。结果如图 6-94 所示。

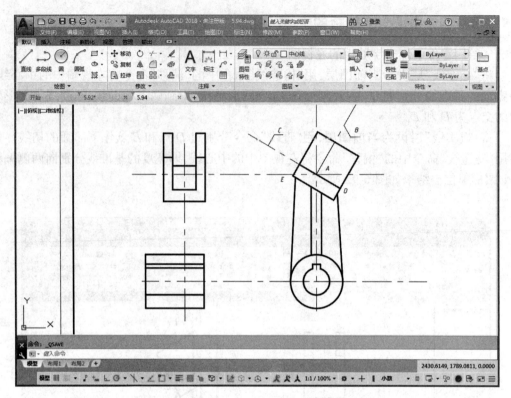

图 6-93 绘制拨叉中部十字肋板的左视图(二)

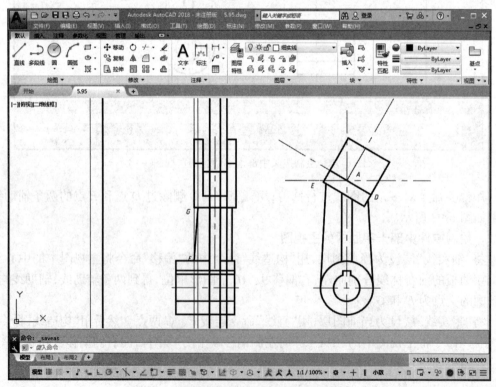

图 6-94 绘制拨叉中部十字肋板的主视图(一)

用"修剪"命令对多余的图线进行修剪;用"删除"命令删除过 F 点和 G 点的两条辅助线。结果如图 6-95 所示。

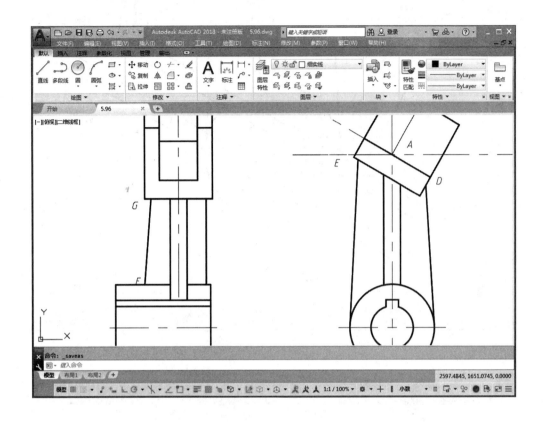

图 6-95　绘制拨叉中部十字肋板的主视图(二)

4.6　绘制零件底部圆柱上 U 形凸台的左视图

4.6.1　绘制 U 形凸台的主轮廓

将"中心线"层设为当前图层,过圆柱孔的圆心,用"直线"命令,结合极轴追踪和自动追踪方式,快速绘制与 X 轴负方向成30°角的小孔轴线 K 线和与 X 轴正方向成60°角的辅助线 L 线。

将"粗实线"层设为当前图层,用"构造线"命令中的"偏移"命令将 K 线分别向左上和右下偏移9和4.5个图形单位;再将 L 线向左下方分别偏移25和15个图形单位。结果如图 6-96 所示。

用"修剪"命令对多余的图线进行修剪;用"删除"命令删除 L 线。结果如图 6-97 所示。

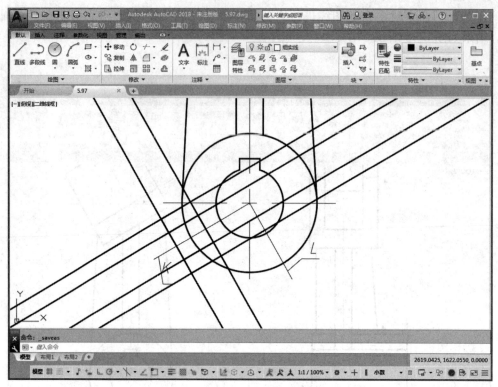

图 6-96　绘制 U 形凸台的主轮廓(一)

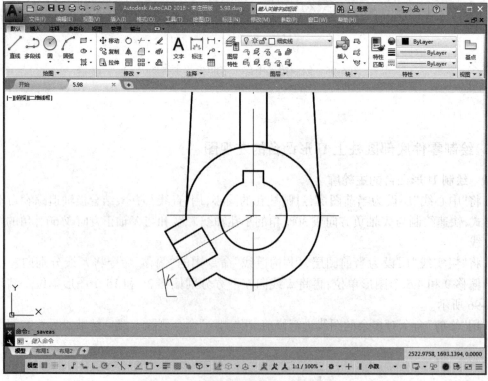

图 6-97　绘制"U"形凸台的主轮廓(二)

4.6.2　完善 U 形凸台的轮廓线

将"中心线"层设为当前图层,用"构造线"命令中的"偏移"命令将凸台端面的轮廓线向右上方偏移 4 个图形单位,得到 $\phi 3$ 锥销孔的轴线。

将"粗实线"层设为当前图层,用"直线"命令,结合极轴追踪和自动追踪方式,快速绘制小圆柱孔尾部锥顶的轮廓线。然后再用"构造线"命令中的"偏移"命令将刚才绘制的 $\phi 3$ 锥销孔的轴线分别向两侧偏移 1.5 个图形单位。结果如图 6-98 所示。

用"修剪"命令对多余的图线进行修剪,结果如图 6-99 所示。

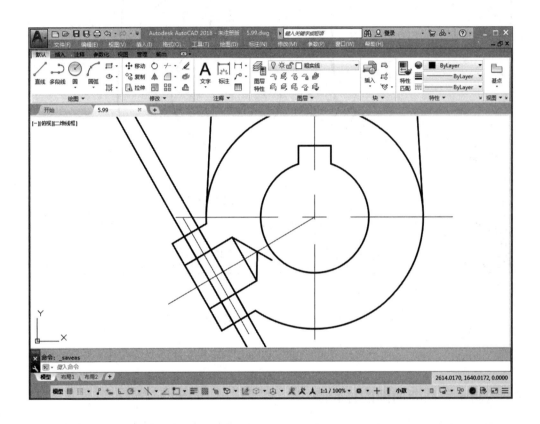

图 6-98　完善 U 形凸台的轮廓线(一)

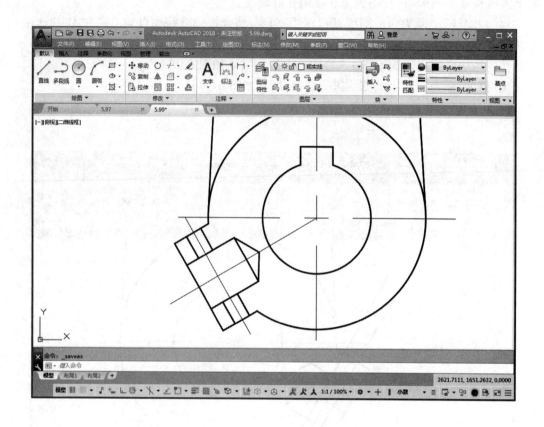

图 6-99　完善 U 形凸台的轮廓线（二）

4.7　绘制十字肋断面图的外轮廓

将"中心线"层设为当前图层,用"直线"命令在适当的位置绘制十字肋的对称线。

将"粗实线"层设为当前图层,用"构造线"命令中的"偏移"命令将十字肋的铅垂对称线向左侧偏移 4 和 14 个图形单位,向右侧偏移 4 和 9 个图形单位;再将十字肋的水平对称线分别向上和向下偏移 4 和 18 个图形单位。结果如图 6-100 所示。

用"修剪"命令对多余的图线进行修剪,结果如图 6-101 所示。

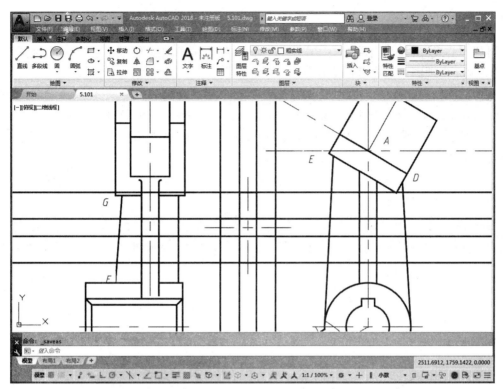

图 6-100　绘制十字肋断面图的外轮廓(一)

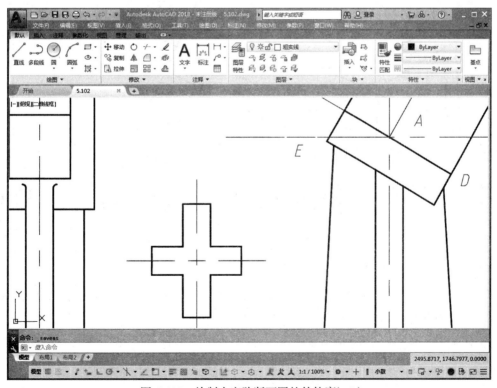

图 6-101　绘制十字肋断面图的外轮廓(二)

4.8　绘制 *A* 向视图

　　将"中心线"层设为当前图层,用"直线"命令,结合极轴追踪和自动追踪方式,在适当的位置绘制 *A* 向视图中凸台孔的定位线 *M* 线和 *N* 线。

　　将"粗实线"层设为当前图层,用"构造线"命令中的"偏移"命令将 *M* 线分别向两侧偏移 9 和 20 个图形单位;再将 *N* 线分别向右上偏移 23、向左下偏移 22 个图形单位,并用"圆"命令,以定位线的交点为圆心,分别绘制两个半径为 9 和 4.5 的圆。结果如图 6-102 所示。

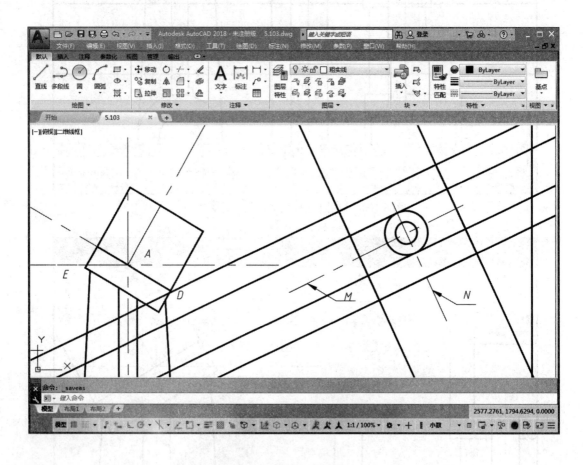

图 6-102　绘制 *A* 向视图(一)

　　用"修剪"命令对多余的图线进行修剪,并用"直线""偏移""样条曲线"和"修剪"等命令补画十字肋板的局部投影轮廓线,结果如图 6-103 所示。

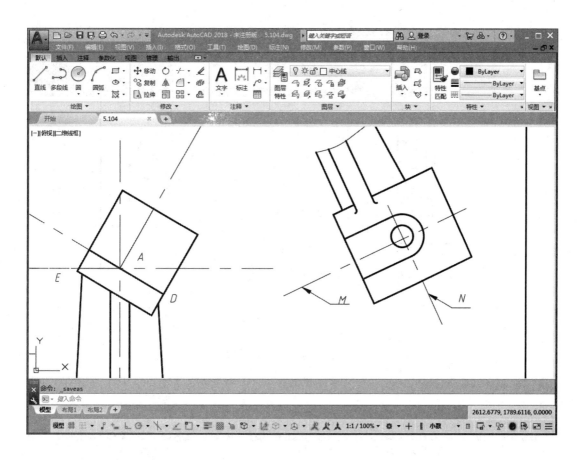

图 6-103　绘制 *A* 向视图（二）

4.9　倒角并绘制过渡线

　　将"粗实线"层设为当前图层，用"倒角"命令，根据技术要求，取倒角尺寸"*D*"为 2 个图形单位，在圆柱孔主视图的两端倒角，倒角后"丢失"的轮廓线要补全。用"圆角"命令，根据技术要求，取圆角半径为 3 个图形单位，在需要的位置倒圆角并绘制过渡线。绘制过渡线时，可以在适当的位置绘制一条辅助线，然后按照倒圆角的方法处理。依据"高平齐"的投影关系绘制肋板与底部圆柱的交线，结果如图 6-104 所示。

4.10　绘制剖面线

　　将"细实线"层设为当前图层，用"样条曲线"命令在主视图和左视图的适当位置绘制样条曲线，用以表示局部剖视的界限，并清理辅助线及临时标注，结果如图 6-104 所示。

　　将"剖面线"层设为当前图层，用"图案填充"命令，参照本项目任务 2 中图案填充的方法绘制剖面线，结果如图 6-105 所示。

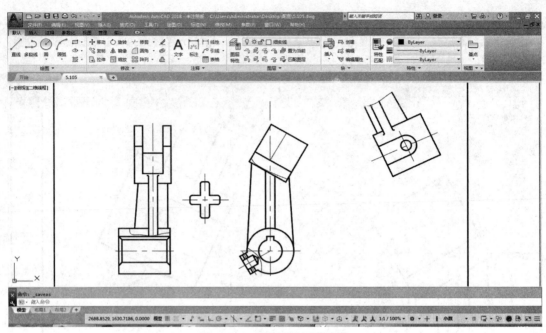

图 6-104　倒角并绘制过渡线

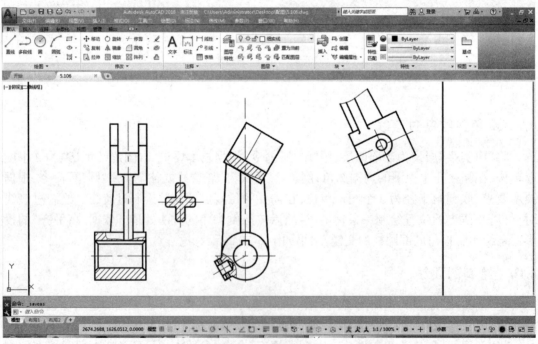

图 6-105　绘制剖面线

4.11　标注尺寸和填写技术要求

参照本项目中的任务 3 完成尺寸标注,并填写技术要求,结果如图 6-106 所示。

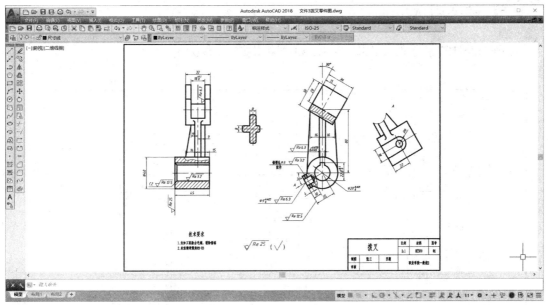

图 6-106　绘制完成的拨叉零件图

4.12　检查修改、存盘

对全图进行检查修改,确认无误后存盘,完成"拨叉"零件图的绘制。(注意:在绘图过程中要及时存盘,以避免文件丢失)

 任务拓展

在规定的时间内,按机械制图标准规范绘制图 6-83 所示的拨叉的零件图,并完成全部标注和标题栏的填写。

任务 5 箱体类零件图的绘制

任务引入

抄画图 6-107 所示的零件图,要求:A3 图幅横放,比例为 1∶1。

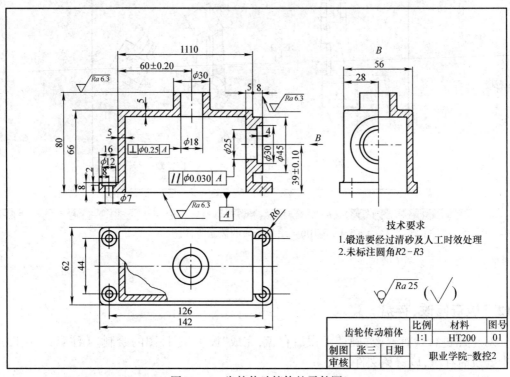

图 6-107 齿轮传动箱体的零件图

任务目标

(1)进一步掌握圆角、过渡线的绘制方法。

(2)进一步掌握几何公差、位置公差及表面结构符号的标注方法。

(3)进一步熟悉技术要求的注写方法。

(4)熟练运用夹点编辑功能,对图形进行快速编辑。

任务实施

5.1 读图并分析

箱体类零件是组成机器或部件的主要零件,其形状较复杂,一般为铸件,主要功能是支承、容纳和固定其他零件。内部有空腔,壁上通常有铸造肋板、台阶和经过加工的孔、槽等结构。此外,还有安装底板、安装孔、螺孔等。

箱体类零件内外结构一般都比较复杂,通常至少要用 3 个基本视图来表达。熟练使用辅助绘图功能能提高绘图速度,简化绘图过程。

箱体类零件加工位置多变,主视图一般按工作位置放置,常与其在装配图中的位置相同。应选择形状和特征较突出的视图作为主视图,并取全剖视图,重点表达内部结构。根据结构特点,其他视图一般采用各种剖视图、断面图和向视图等表达内部结构和形状。

图 6-107 所示齿轮传动箱体的零件图由 3 个图形组成,分别为全剖视的主视图、俯视图和半剖视的 B 向视图。通过分析可知,该箱体结构比较简单,右侧和顶端有支承齿轮轴的凸台和孔,底部有连接用的安装底板和安装孔。

5.2 设置绘图环境、图幅并绘制图框和填写标题栏

参照本项目中的任务 2 设置绘图环境、图幅并绘制图框和填写标题栏,结果如图 6-108 所示。

图 6-108 绘制图框和填写标题栏

5.3　绘制箱体零件的主视图

5.3.1　绘制箱体的长度和高度基准线

将"0"层设为当前图层,在适当的位置用"构造线"命令分别绘制一条水平构造线和一条铅垂构造线,实际是长度和高度基准线,结果如图 6-109 所示。

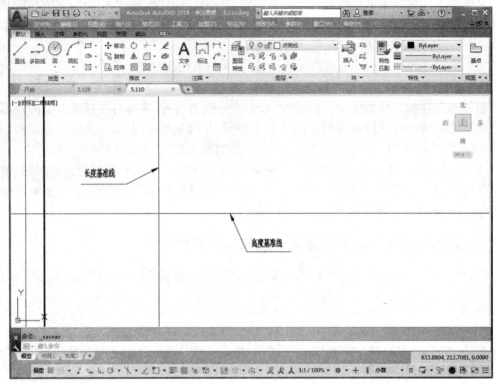

图 6-109　绘制主视图的基准线

5.3.2　绘制主视图外轮廓线

将"粗实线"层设为当前图层,用"直线"命令从高度和长度基准线的交点出发,打开正交模式,采用对象捕捉、对象捕捉追踪和直接给定距离方式,按照主视图的外形连续绘制长度分别为 66、45、14、30、14、35、4.5、8、45、8、8.5、16、8、142、8、16 个图形单位的线段,并从第一条线段的起始端修剪掉长度为 8 个图形单位的线段,得到主视图的外轮廓线,结果如图 6-110 所示。

注意:绘制主视图的外轮廓线的方法有多种,可以用前面讲的"构造线"命令中的"偏移"命令将基准线偏移后修剪;亦可用"多段线"命令绘制;还可以用"偏移"命令将基准线偏移后修剪,再进行特性修改等。

5.3.3　绘制主视图的内轮廓线

将"粗实线"层设为当前图层,用"直线"命令从高度和长度基准线的交点出发,打开正交模式,采用直接给定距离方式,按照主视图的内轮廓形状连续绘制长度分别为 5、61、100、61 个图形单位的线段,得到主视图的内轮廓线,结果如图 6-111 所示。

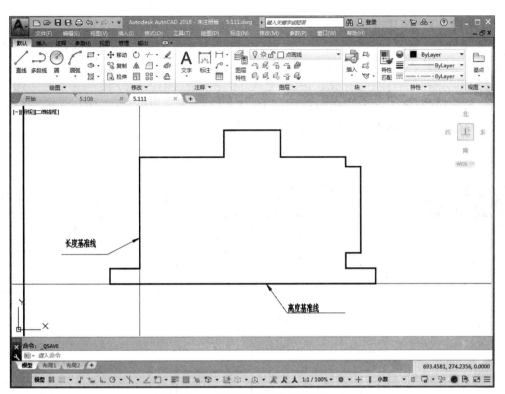

图 6-110　绘制主视图的轮廓线(一)

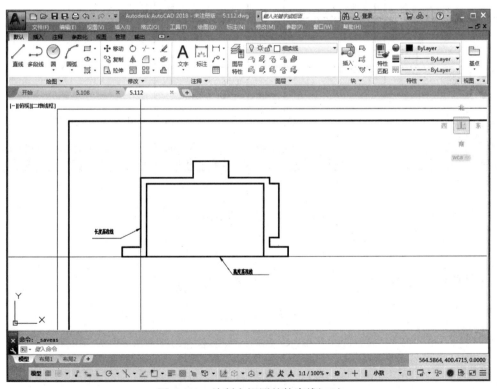

图 6-111　绘制主视图的轮廓线(二)

5.3.4 绘制孔的中心线及轮廓线

将"中心线"层设为当前图层,用"直线"命令过顶端凸台的中点绘制孔的中心线 K 线;过右侧凸台的中点绘制阶梯孔的中心线 L 线。

将"粗实线"层设为当前图层,用"构造线"命令中的"偏移"命令将 K 线分别向两侧偏移 9 个图形单位;将 L 线分别向两侧偏移 15 和 12.5 个图形单位;将右侧凸台的外轮廓线向左侧偏移 4 个图形单位,结果如图 6-112 所示。

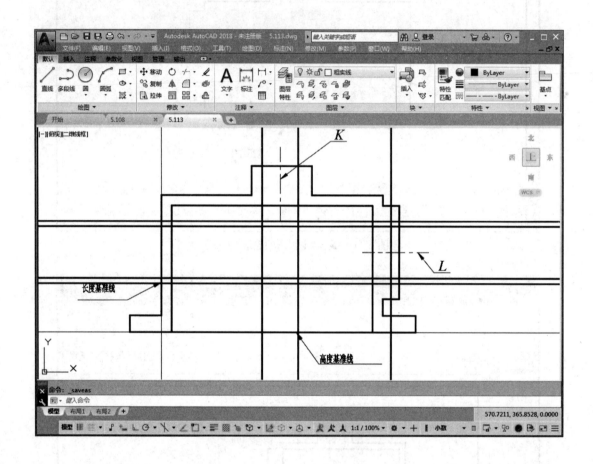

图 6-112　绘制主视图的轮廓线(三)

用"修剪"命令对多余的图线进行修剪,结果如图 6-113 所示。

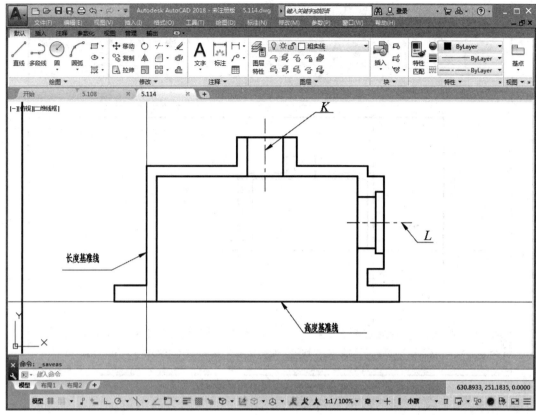

图 6-113　绘制主视图的轮廓线（四）

5.4　绘制箱体零件的俯视图

5.4.1　绘制箱体的宽度基准线

将"0"层设为当前图层,在适当的位置用"构造线"命令绘制一条水平构造线,作为宽度基准线,结果如图 6-114 所示。

5.4.2　绘制俯视图的外轮廓线

1.绘制箱体顶部外的轮廓线及定位线

将"粗实线"层设为当前图层,用"矩形"命令从宽度和长度基准线的交点 N 点出发,绘制一个长度为 110、宽度为 56 个图形单位的矩形;再将"中心线"层设为当前图层,分别过矩形宽的中点和主视图顶端孔中心线的端点绘制俯视图的对称线和顶端孔的定位线。结果如图 6-115 所示。

2.绘制底板及右侧凸台的轮廓线

将"粗实线"层设为当前图层,用"构造线"命令中的"偏移"命令将矩形的前后两侧轮廓线分别向外偏移 3 个图形单位;将左侧轮廓线向左偏移 16 个图形单位;将右侧轮廓线分别向右侧偏移 16 和 8 个图形单位;将前后侧对称线分别向两侧偏移 22.5 个图形单位。结果如图 6-116 所示。

用"修剪"命令对多余的图线进行修剪,结果如图 6-117 所示。

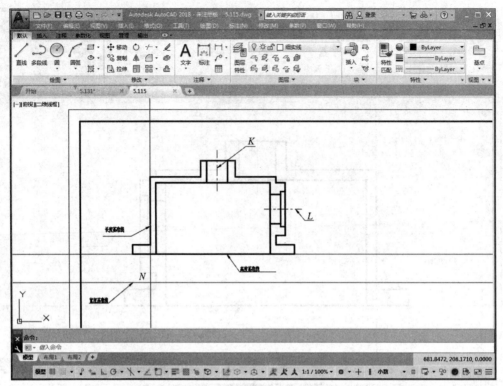

图 6-114 绘制俯视图的轮廓线(一)

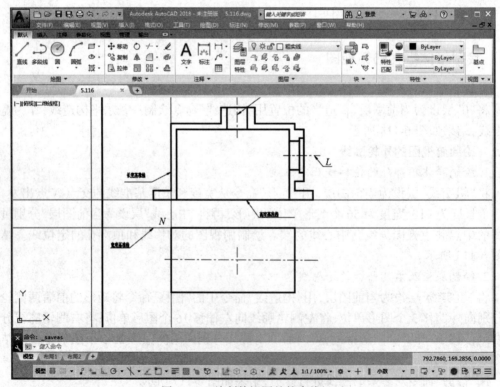

图 6-115 绘制俯视图的轮廓线(二)

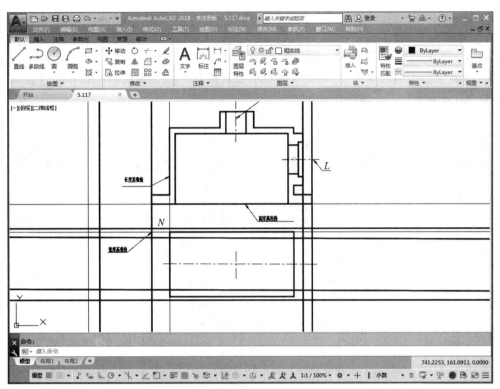

图 6-116　绘制俯视图的轮廓线(三)

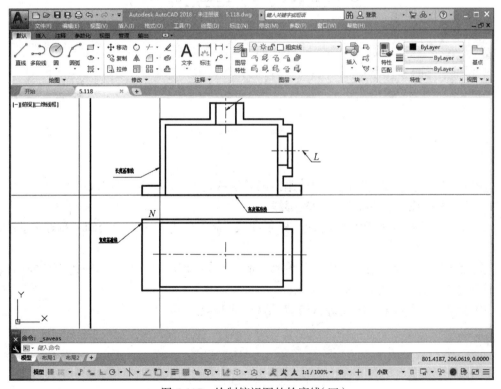

图 6-117　绘制俯视图的轮廓线(四)

5.4.3　绘制底板安装孔及顶部凸台和孔的轮廓线

将"中心线"层设为当前图层,用"构造线"命令中的"偏移"命令将底板的前后两侧轮廓线分别向内偏移9个图形单位;将底板的左右两侧轮廓线分别向内偏移8个图形单位。再将"粗实线"层设为当前图层,按照尺寸绘制安装孔的投影圆及顶部凸台和孔的投影圆。结果如图6-118所示。

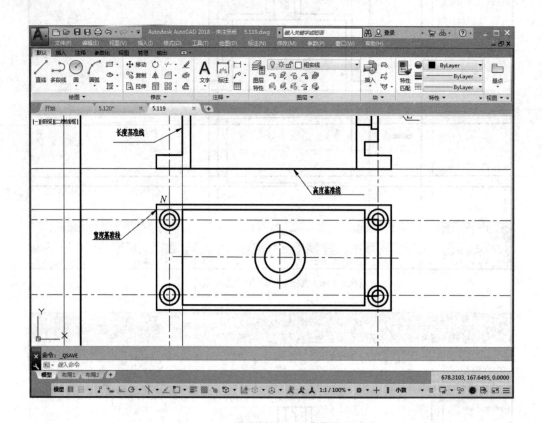

图 6-118　绘制俯视图的轮廓线(五)

用"修剪"命令对多余的图线和被遮挡的轮廓线进行修剪,结果如图6-119所示。

5.4.4　绘制俯视图中局部剖部分的轮廓线

将"细实线"层设为当前图层,用"样条曲线"命令在适当的位置绘制局部剖视图的波浪线。

将"粗实线"层设为当前图层,用"偏移"命令将表示箱体上部外轮廓线的矩形向内偏移5个图形单位,结果如图6-120所示。

用"修剪"命令对多余图线进行修剪,结果如图6-121所示。

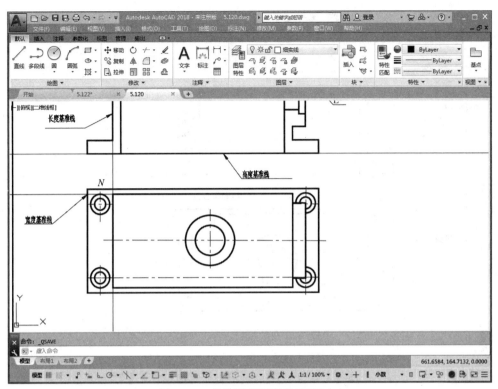

图 6-119　绘制俯视图的轮廓线（六）

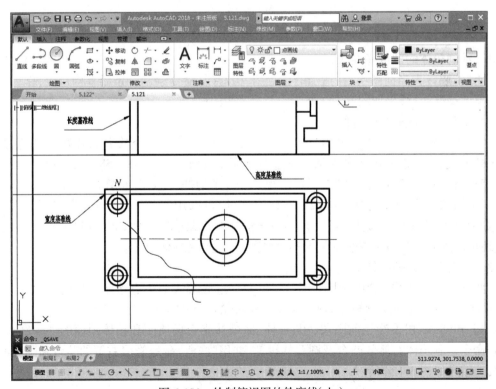

图 6-120　绘制俯视图的轮廓线（七）

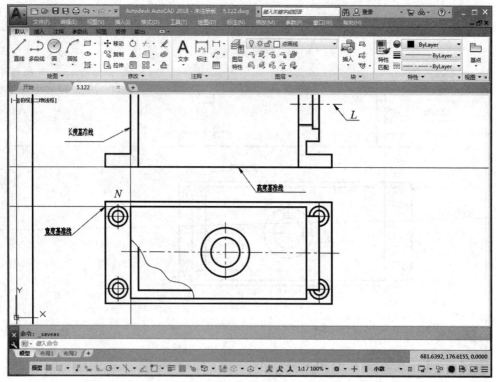

图 6-121　绘制俯视图的轮廓线(八)

5.5　绘制箱体零件的左视图

5.5.1　绘制箱体的宽度基准线

将"0"层设为当前图层,在适当的位置用"构造线"命令绘制一条铅垂构造线,作为左视图的宽度基准线,结果如图 6-122 所示。

5.5.2　绘制左视图的外轮廓线

将"粗实线"层设为当前图层,打开正交模式,用"直线"命令从 P 点开始,采用直接给定距离方式,按照左视图的外轮廓形状连续绘制长度分别为 8、3、58、13、14、30、14、13、58、3、8 和 62 个图形单位的线段,得到左视图的外轮廓线,如图 6-123 所示。

注意:绘制左视图的外轮廓线的方法有多种,可以用前面讲的"构造线"命令中的"偏移"命令,根据"高平齐、宽相等"的投影规律将基准线偏移后修剪;亦可用"多段线"命令绘制;还可以用"偏移"命令将基准线偏移后修剪,再进行特性修改等。

5.5.3　补充其他外轮廓线

将"中心线"层设为当前图层,用"直线"命令过底端线的中点绘制图形的对称线,根据"高平齐"的投影规律绘制箱体右侧的凸台及圆孔的中心线。

将"粗实线"层设为当前图层,用"延伸"命令补充底板顶面和箱体顶面的外轮廓线;用"圆"命令绘制箱体右侧的凸台及圆孔的投影,并用"修剪"命令修剪右侧的凸台和圆孔的轮廓线。结果如图 6-124 所示。

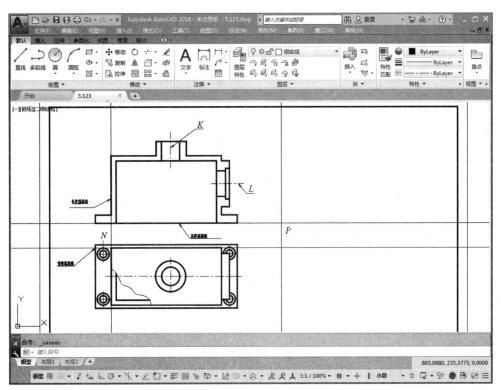

图 6-122 绘制左视图的轮廓线(一)

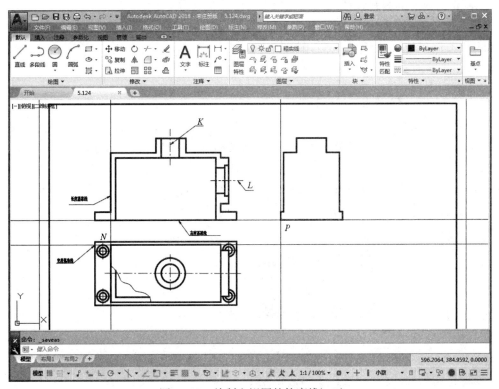

图 6-123 绘制左视图的轮廓线(二)

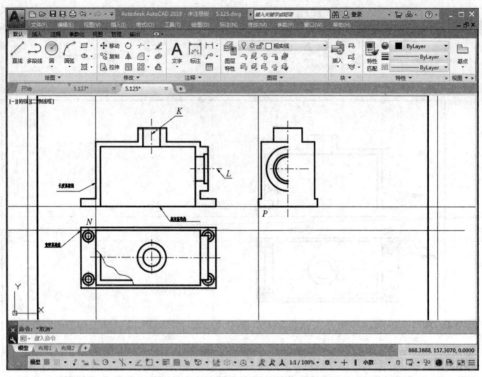

图 6-124　绘制左视图的轮廓线（三）

5.5.4　补充剖视图的内轮廓线

将"粗实线"层设为当前图层,用"构造线"命令中的"偏移"命令将对称线分别向右偏移 9 和 23 个图形单位;将底边线向上偏移 6 个图形单位,并用"修剪"命令进行适当的修剪。 结果如图 6-125 所示。

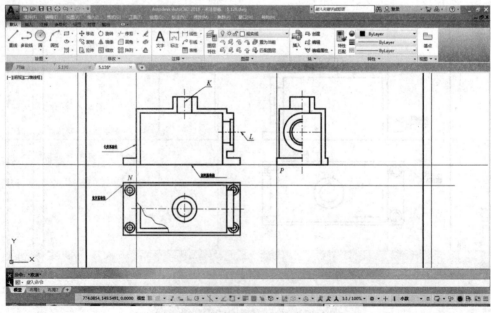

图 6-125　绘制左视图的轮廓线（四）

5.6　绘制工艺结构

箱体一般为铸件,根据铸件的结构特点,未加工部分的转折处都有工艺结构或铸造圆角。所以取半径为 $R2$,对相关转折部分倒圆角,其中底板的圆角半径为 $R6$,结果如图 6-126 所示。

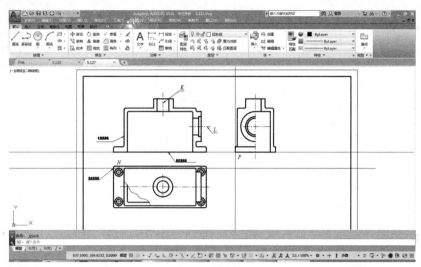

图 6-126　绘制工艺结构

5.7　补充底板沉孔轴线主视图

将"中心线"层设为当前图层,用"直线"命令过安装孔俯视图的圆心,根据"长对正"的投影规律绘制箱体底座上安装孔轴线的主视图。

将"粗实线"层设为当前图层,用"构造线"命令中的"偏移"命令将沉孔的轴线分别向两侧偏移 6 和 3.5 个图形单位;将底边线向上偏移 6 个图形单位,并用"修剪"命令进行适当的修剪。结果如图 6-127 所示。

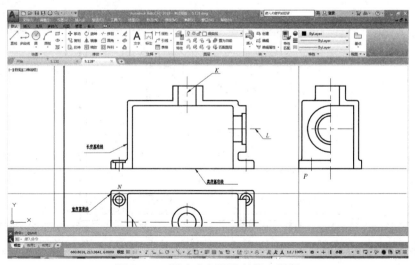

图 6-127　补充底板沉孔轴线主视图

5.8 填充剖面线

将"剖面线"层设为当前图层,执行"图案填充"命令,设置"图案"为"ANSI31","角度"为"0","比例"为"1",参照本项目中的任务 2 在必要的位置填充剖面线,结果如图 6-128 所示。

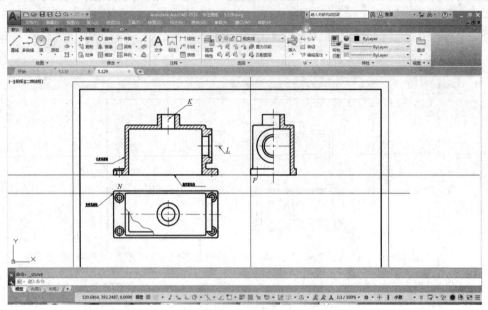

图 6-128 填充剖面线

5.9 检查修改、清理、补充并存盘

对全图进行仔细检查修改,删除作图辅助线及辅助标记,补充在作图过程中"丢失"的轮廓线,确认无误后存盘,完成"齿轮传动箱体"零件图的绘制,如图 6-129 所示。

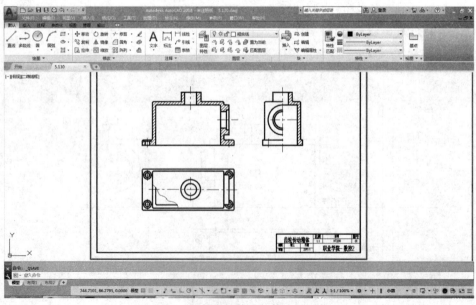

图 6-129 齿轮传动箱体三视图

5.10　标注尺寸和技术要求

参照前面介绍的尺寸标注、公差标注、引线标注等的样式设置方法设置各种标注样式，然后标注尺寸、公差、形位公差等;参照前面介绍的表面结构符号块的定义及应用,标注图形中带属性的表面结构符号;参照前面介绍的文本样式设置方法设置文本样式,标注技术要求。结果如图 6-130 所示。

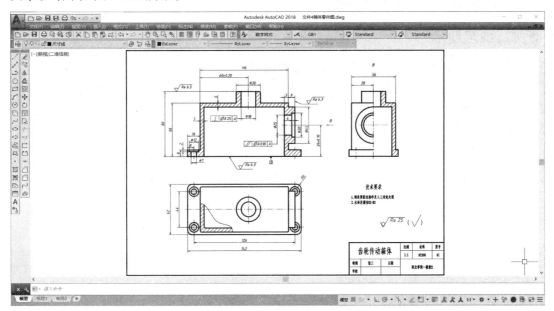

图 6-130　标注尺寸和技术要求

5.11　检查修改、清理并存盘

对全图的所有标注进行仔细检查修改,补充在标注过程中漏标的尺寸和技术要求,确认无误后存盘,完成"齿轮传动箱体"零件图的绘制。

 任务拓展

在规定的时间内,按机械制图标准规范绘制图 6-107 所示的齿轮传动箱体的零件图,并完成全部标注和标题栏的填写。

思考与练习

一、思考题

(1)绘制工程图时,把重复使用的标准件制成图块有什么好处? 如何定义带属性的图块?

（2）在 AutoCAD 中，如何绘制局部放大图？

（3）"视图"下拉菜单中的"缩放"选项与"修改"下拉菜单中的"缩放"选项有何不同？

（4）如何设置几何公差、形位公差的样式？ 如何标注几何公差、形位公差及表面结构符号？

（5）绘制"样条曲线"的命令是哪个？

二、练习题

（1）请将下图所示的标题栏定义为带属性的图块。

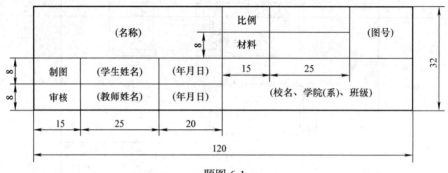

题图 6-1

（2）请按 1∶1 的比例抄画下图所示轴的零件图。

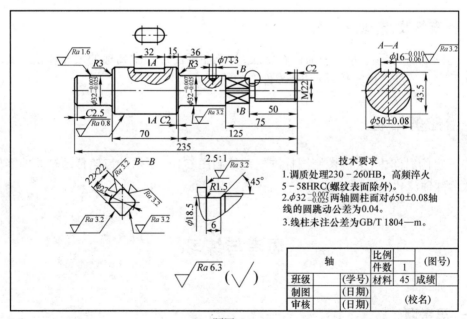

题图 6-2

（3）请按 1∶1 的比例抄画下图所示端盖的零件图。

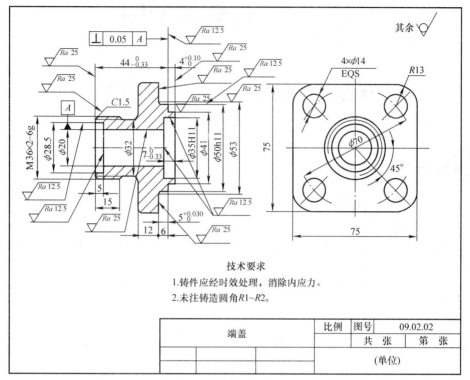

题图 6-3

（4）请按 1∶1 的比例抄画下图所示泵体的零件图。

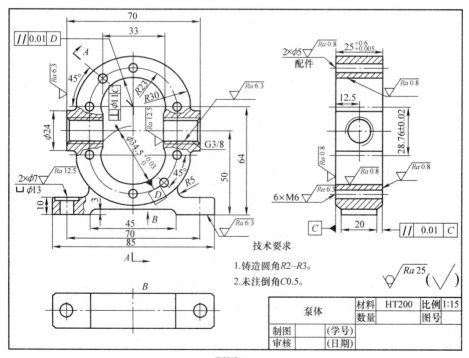

题图 6-4

项目 7　绘制装配图

任务 1　螺栓连接装配图的绘制

任务引入

抄绘图 7-1 所示的螺栓连接装配图。要求：用 A4 图幅(竖放)，绘图比例为 1∶1，螺栓连接采用比例画法。(连接件孔径 d_h=1.1d；螺栓头部厚度 k=0.7d；螺栓头部宽度 e=2d；垫圈厚度 h=1.5d；垫圈直径 d_2=2.2d；螺母厚度 m=0.8d；螺栓伸出长度 b_1=(0.2~0.3)d；螺纹长度 b=(1.5~2)d)

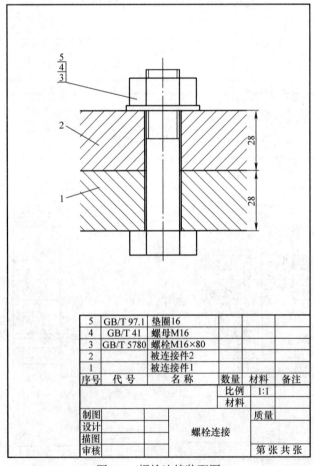

5	GB/T 97.1	垫圈16			
4	GB/T 41	螺母M16			
3	GB/T 5780	螺栓M16×80			
2		被连接件2			
1		被连接件1			
序号	代号	名称	数量	材料	备注
			比例	1:1	
			材料		
制图				质量	
设计		螺栓连接			
描图					
审核				第 张共 张	

图 7-1　螺栓连接装配图

任务目标

（1）掌握用 AutoCAD 直接绘制装配图的方法。

（2）掌握图幅、比例等的设定方法。

（3）掌握图框、标题栏和明细表的绘制方法。

（4）巩固图层、线型、颜色、线宽、图形界限、文本、标注样式的设置方法。

（5）学会在装配图上编写零件序号和填写明细表。

任务实施

1.1 看懂和分析装配图的内容

绘图前首先要看懂和分析所绘装配图的内容，以确定绘图步骤，并根据视图数量和尺寸大小选择图幅和比例。

螺栓连接由螺栓、螺母、垫圈和被连接件组成，其绘图步骤可以由内到外，也可以由外到内，即可以先画螺栓，再画螺母和垫圈，最后画被连接件；也可以先画被连接件，再画螺栓，最后画螺母和垫圈。

1.2 设置绘图环境

1.2.1 新建图形文件

单击文件管理工具栏中的"新建"图标□（或单击"控制"图标■，并选择"文件"→"新建"命令），新建一个图形文件，在文件名右侧的"打开"选项卡中选择公制。

1.2.2 设置图形界限

在命令窗口中输入 limits，命令窗口提示如下。

命令：_limits ∠

重新设置模型空间界限：

指定左下角点或 [开 (ON)/ 关 (OFF)] <0.0000,0.0000>:0,0 ∠（设置图形界限的左下角点）

指定右上角点 <210.0000,297.0000>:210,297 ∠（设置图形界限的右上角点）

1.2.3 设置图层

单击图层工具栏中的"图层特性管理器"图标■，系统将打开"图层特性管理器"对话框，单击"新建"按钮，建立如图 7-2 所示的七个图层。

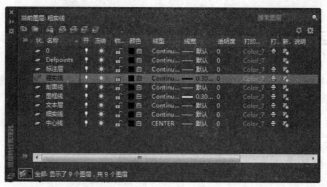

图 7-2 图层设置

1.2.4 设置文字样式、标注样式

参见项目 2 中的任务 3 和任务 4。

1.3 设置图幅

1.3.1 绘制竖放 A4 图幅的外边框

将"细实线"层设为当前层,单击绘图工具栏中的"矩形"图标,命令窗口提示如下:

命令:_rectang ✓

指定第一个角点或 [倒角 (C)/ 标高 (E)/ 圆角 (F)/ 厚度 (T)/ 宽度 (W)]: 0,0 ✓(输入矩形第一个角点的坐标值)

指定另一个角点或[面积 (A)/ 尺寸 (D)/ 旋转 (R)]:@210,297 ✓(输入矩形另一个角点的相对坐标值)

即完成图幅外边框的绘制,如图 7-3 (a)所示。

1.3.2 绘制竖放 A4 图幅的内边框

将"粗实线"层设为当前层,单击绘图工具栏中的"矩形"图标,命令窗口提示如下。

命令:_rectang ✓

指定第一个角点或 [倒角 (C)/ 标高 (E)/ 圆角 (F)/ 厚度 (T)/ 宽度 (W)]: 10,10 ✓(输入矩形第一个角点的坐标值)

指定另一个角点或[面积 (A)/ 尺寸 (D)/ 旋转 (R)]:@190,277 ✓(输入矩形另一个角点的相对坐标值)

即完成图幅内边框的绘制,如图 7-3 (a)所示。

1.3.3 绘制标题栏

可参阅项目 2 中的任务 5 绘制图 7-1 所示的标题栏,完成后的图形如图 7-3 (b)所示。

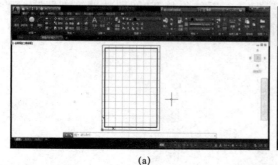

(a)

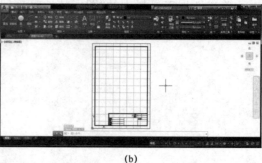

(b)

图 7-3 绘制图幅和标题栏

1.3.4　直接绘制装配图

1. 绘制中心线

将"中心线"层设为当前层,用"直线"命令绘制中心线。命令窗口提示如下。

命令:_line 指定第一点:(在绘图区的适当位置单击鼠标左键,确定中心线的起点)

指定下一点或 [放弃 (U)]:100（画铅垂线,长度为 100）

指定下一点或 [放弃 (U)]:(按 Enter 键结束命令)

即完成中心线的绘制,如图 7-4（a）所示。

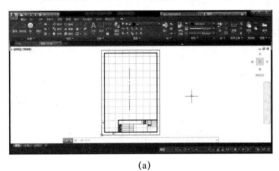
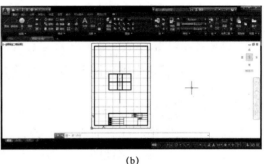

(a)　　　　　　　　　　　　　(b)

图 7-4　绘制中心线和被连接件

2. 绘制被连接件

（1）将"粗实线"层设为当前层,用"构造线"命令及其中的"偏移"选项完成被连接件轮廓线的绘制。命令窗口提示如下。

命令:_xline 指定点或 [水平 (H)/ 垂直 (V)/ 角度 (A)/ 二等分 (B)/ 偏移 (O)]: h↙（绘制水平线）

指定通过点:(在适当的位置单击鼠标左键,为提高绘图速度,暂不考虑构造线距中心线端部的距离,待图形绘制完后,调整中心线的长度即可)

指定通过点:(单击鼠标右键结束命令)

命令:_xline 指定点或 [水平 (H)/ 垂直 (V)/ 角度 (A)/ 二等分 (B)/ 偏移 (O)]: o↙（偏移构造线）

指定偏移距离或 [通过 (T)] < 通过 >: 28 ↙（输入偏移距离）

选择直线对象:(拾取刚才绘制的构造线)

指定向哪侧偏移:(在刚才绘制的构造线下方单击鼠标左键)

选择直线对象:(拾取刚才绘制的构造线)

指定向哪侧偏移:(在刚才绘制的构造线上方单击鼠标左键)

选择直线对象:(单击鼠标右键结束命令)

命令:_xline 指定点或 [水平 (H)/ 垂直 (V)/ 角度 (A)/ 二等分 (B)/ 偏移 (O)]: o↙（偏移构造线）

指定偏移距离或 [通过 (T)] <28.0000>: 40 ↙（输入被连接件的长度尺寸）

选择直线对象:(拾取中心线)

指定向哪侧偏移:(向中心线的左侧偏移)

选择直线对象:(拾取中心线)

指定向哪侧偏移:(向中心线的右侧偏移)

选择直线对象:(单击鼠标右键结束命令)

命令:_xline 指定点或 [水平(H)/垂直(V)/角度(A)/二等分(B)/偏移(O)]:o✓(偏移构造线)

指定偏移距离或 [通过(T)] <40.0000>:8.8✓(输入被连接件的通孔半径尺寸)

选择直线对象:(拾取中心线)

指定向哪侧偏移:(向中心线的左侧偏移)

选择直线对象:(拾取中心线)

指定向哪侧偏移:(向中心线的右侧偏移)

选择直线对象:(单击鼠标右键结束命令)

(2)用"修剪"命令整理图形,结果如图 7-4(b)所示。

3. 绘制螺栓

(1)用"构造线"命令中的"偏移"选项将被连接件的底部水平线分别向上偏移 75、43,向下偏移 11.2;将中心线分别向左、右偏移 8、16。结果如图 7-5(a)所示。

(2)用"修剪"命令整理图形,如图 7-5(b)所示。

| (a) | (b) |

图 7-5 绘制螺栓(一)

(3)将"细实线"层设为当前层,用"构造线"命令及其中的"偏移"选项将中心线分别向左、右偏移 6.8,完成螺栓小径的绘制,如图 7-6(a)所示。

(4)用"修剪"命令整理图形,如图 7-6(b)所示。

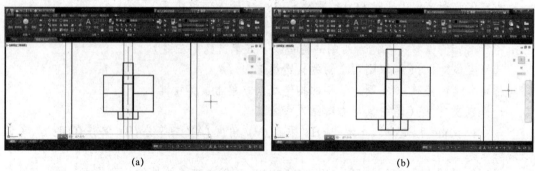

| (a) | (b) |

图 7-6 绘制螺栓(二)

4. 绘制垫圈

(1)将"粗实线"层设为当前层,用"构造线"命令中的"偏移"选项将中心线分别向左、右偏移 17.62;将被连接件的上边线向上偏移 2.4。结果如图 7-7(a)所示。

（2）用"修剪"命令整理图形，如图 7-7（b）所示。

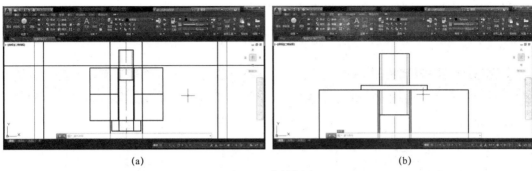

(a)　　　　　　　　　　(b)

图 7-7　绘制垫圈

5. 绘制螺母

（1）用"构造线"命令中的"偏移"选项将中心线分别向左、右偏移 16；将垫圈的上边线向上偏移 12.8。结果如图 7-8（a）所示。

（2）用"修剪"命令整理图形，如图 7-8（b）所示。

(a)　　　　　　　　　　(b)

图 7-8　绘制螺母

注意：在装配图中绘制螺纹紧固件时，应尽量采用简化画法。这样可以减少工作量，提高绘图速度，增加图样的明晰度，使图样的重点更加突出。

6. 绘制剖面线

（1）将"剖面线"层设为当前层，单击绘图工具栏中的"图案填充"图标，弹出"边界填充和渐变色"对话框。在该对话框中将"图案"设置为"ANSI31"，"角度"设置为"0"，"比例"设置为 1，单击"拾取点"图标，"边界填充和渐变色"对话框消失，命令窗口提示如下。

命令：_bhatch ✓

拾取内部点或 [选择对象 (S)/ 删除边界 (B)]：正在选择所有对象 ...（用鼠标在待填充区域单击，此时所选中区域的边界线变为虚线）

正在选择所有可见对象 ...

正在分析所选数据 ...

正在分析内部孤岛 ...

拾取内部点或 [选择对象 (S)/ 删除边界 (B)]：✓（按 Enter 键结束命令）

此时"边界填充和渐变色"对话框重新出现,单击该对话框中的"确定"按钮,即可完成上面的被连接件剖面线的绘制,如图 7-9(a)所示。

(2)重复上述过程,将"角度"设置为 90,即可完成下面的被连接件剖面线的绘制,如图 7-9(b)所示。

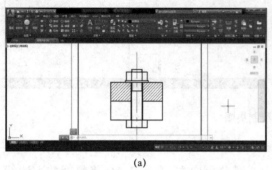 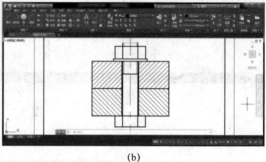

(a)   (b)

图 7-9　绘制剖面线

(3)删除被连接件左右两边的粗实线,如图 7-10 所示。

7. 标注尺寸和序号

(1)用"标注"下拉菜单中的"线性标注"命令标注被连接件的厚度尺寸。

(2)用"引线""文字"命令标注序号,如图 7-11 所示。

8. 绘制明细表并填写文字

(1)用"直线""偏移"命令绘制明细表,并用"文字"命令填写文字,如图 7-12 所示。

(2)单击菜单栏中的"视图"→"范围"命令,使全图充满屏幕,如图 7-13 所示。

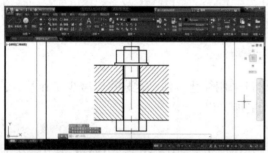 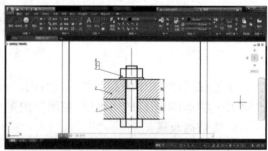

图 7-10　螺栓连接主视图   图 7-11　标注尺寸和序号

 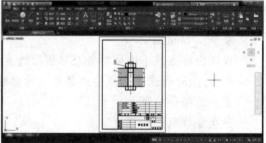

图 7-12　绘制明细表并填写汉字   图 7-13　完成后的全图

9. 检查、修改并存盘

对全图进行检查和修改,确认无误后单击"保存"图标 🖫 ,将所绘图形存盘。

1.3.5　用块插入法绘制装配图

1. 绘制被连接件 1 的零件图并将其定义成块

（1）用"直线"命令、"构造线"命令中的"偏移"选项和"图案填充"命令绘制图 7-14 所示的零件图。然后单击"绘图"下拉菜单中"块"子菜单中的"创建"图标 🖧 创建 ,弹出图 7-15 所示的对话框,在对话框中的"名称"列表框中输入"被连接件 1",然后单击"选择对象"图标 🖼 ,"块定义"对话框消失,系统回到绘图界面,命令窗口提示如下。

命令: _block ✓

选择对象:指定对角点:找到 6 个(选择绘制的全图)

选择对象:(按 Enter 键结束选择,"块定义"对话框重新出现)

指定插入基点:(用鼠标捕捉下边线与中心线的交点,单击)

单击图 7-15 中的"确定"按钮 ⌷ 确定 ⌷,完成创建块的操作,如图 7-16 所示。

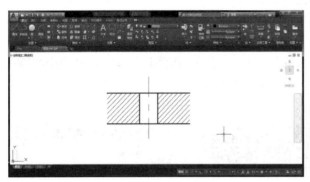

图 7-14　绘制被连接件 1 的零件图

图 7-15　"块定义"对话框

注意:用上述方法("Block"命令)定义的块只存在于当前的图形文件中,也只能在当前的图形文件中调用,称为内部块。要使定义的块能被其他图形文件调用,要用"Wblock"(块存盘)命令定义块,并以图形文件的形式存入磁盘,这样的块称为公共块或外部块。

（2）用"Wblock"命令将被连接件 1 定义成外部块。在命令窗口中输入"W"（"Wblock"的缩写),然后按 Enter 键,弹出"写块"对话框,如图 7-17 所示。在"源"选项卡中选中"块",然后在下拉列表中选择"被连接件 1";在"目标"选项卡中的"文件名和路径"列表中填入块文件的名称、存盘路径;在"插入单位"列表框中选择块插入时采用的单位。单击"确定"按钮 ⌷ 确定 ⌷,完成块存盘的操作。

说明:定义块也可直接采用"Wblock"命令,将定义的块存到磁盘中。常用的标准件(如螺栓)等可用此方法创建块,以供绘制其他装配图时调用。

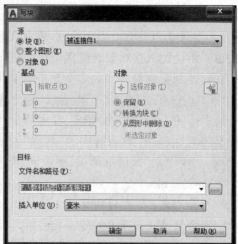

图 7-16　被连接件 1 的定义块　　　　　图 7-17　"写块"对话框

2. 绘制被连接件 2 的零件图并将其定义成外部块

参照被连接件 1 的绘制方法和步骤完成被连接件 2 的绘制。注意被连接件 2 剖面线的倾斜方向应与被连接件 1 相反，如图 7-18（a）所示。

用"Wblock"命令将被连接件 2 定义成外部块，名称为"被连接件 2"，基点为中心线与上边线的交点，如图 7-18（b）所示。

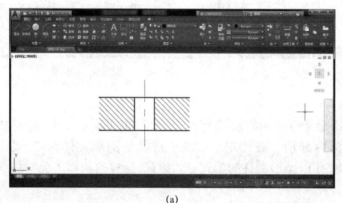

(a)　　　　　　　　　　　　　　　(b)

图 7-18　被连接件 2 的零件图和"写块"对话框

3. 用简化画法绘制螺栓的零件图并将其定义成外部块

绘制螺栓的零件图，如图 7-19（a）所示。

将螺栓的零件图定义成外部块，名称为"螺栓"，基点为图 7-19（b）中的 A 点。

4. 用简化画法绘制螺母的零件图并将其定义成外部块

绘制螺母的零件图，并将其定义成外部块，名称为"螺母"，基点为 B 点，如图 7-20 所示。

5. 用简化画法绘制垫圈的零件图并将其定义成外部块

绘制垫圈的零件图，并将其定义成外部块，名称为"垫圈"，基点为 C 点，如图 7-21 所示。

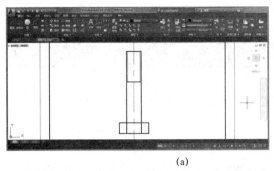

(a)

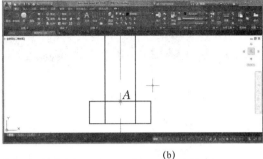

(b)

图 7-19 螺栓的零件图及基点

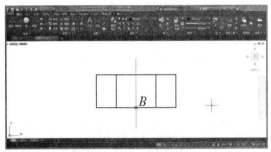

图 7-20 螺母的零件图及基点

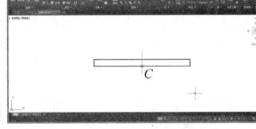

图 7-21 垫圈的零件图及基点

6. 用块插入法将绘制的零件图拼装成装配图

1) 将被连接件 1 插入绘制好的图幅中

单击"插入"下拉菜单中的"块"图标 ，弹出"插入"对话框，如图 7-22 所示。在对话框中单击"浏览"按钮 浏览(B)... ，弹出"选择图形文件"对话框，如图 7-23 所示。在对话框中选择要插入的图形文件"被连接件 1"，单击"打开"按钮 打开(O) ，返回"插入"对话框，单击"确定"按钮 确定 ，将"被连接件 1"插入图中的合适位置，如图 7-24 所示。

图 7-22 "插入"对话框

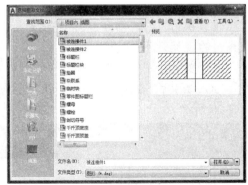

图 7-23 "选择图形文件"对话框

2) 插入被连接件 2

继续执行"插入"命令，按上述步骤将被连接件 2 插入被连接件 1 上方。用鼠标捕捉中心线与上边线的交点，完成被连接件 2 的装配，如图 7-25 所示。

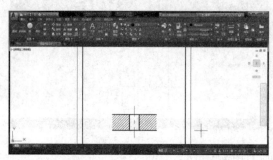

图 7-24 插入被连接件 1

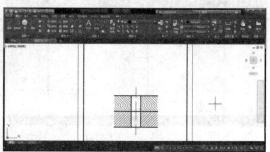

图 7-25 插入被连接件 2

3）插入螺栓

继续执行"插入"命令，按上述步骤将螺栓插入被连接件的孔内，捕捉被连接件 1 的中心线与下边线的交点，完成螺栓的装配，如图 7-26 所示。

4）插入垫圈

继续执行"插入"命令，按上述步骤将垫圈插入，捕捉被连接件 2 的中心线与上边线的交点，完成垫圈的装配，如图 7-27 所示。

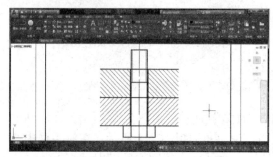

图 7-26 插入螺栓

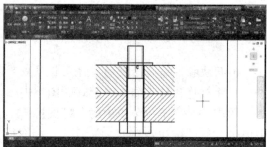

图 7-27 插入垫圈

5）插入螺母

继续执行"插入"命令，按上述步骤将螺母插入，捕捉垫圈的中心线与上边线的交点，完成螺母的装配，如图 7-28 所示。

6）修剪装配图中不可见的图线并删去多余的字母

插入结束后，要认真分析零件装配后图线的可见性，不可见的图线要删除或修剪掉，如图 7-29 所示。

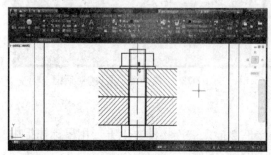

图 7-28 插入螺母

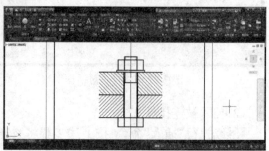

图 7-29 修剪后的装配图

注意:采用块插入方式完成的装配图,在对图线进行删除或修剪前,必须使用"分解"命令将块打散,否则无法删除或修剪。

 任务拓展

根据已知条件,在规定的时间内分别采用直接绘制法和块插入法完成螺栓连接装配图图 7-1 的绘制,并完成标注和明细表、标题栏的填写。

任务 2　千斤顶装配图的绘制

 任务引入

根据千斤顶装配示意图(图 7-30)和零件图(图 7-31、图 7-32)绘制其装配图,自行确定图纸幅面和绘图比例。

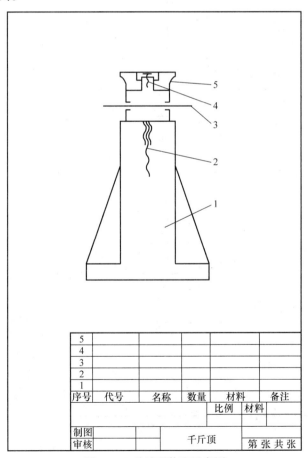

图 7-30　千斤顶装配示意图

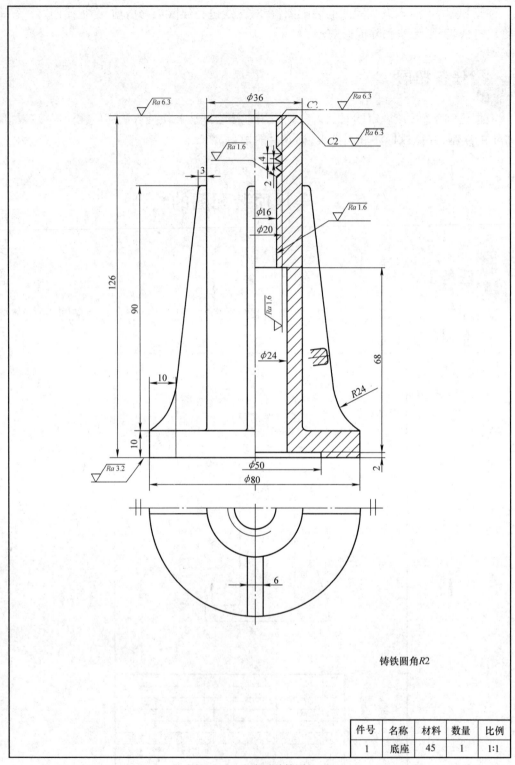

图 7-31　千斤顶零件图(一)

件号	名称	材料	数量	比例
1	底座	45	1	1:1

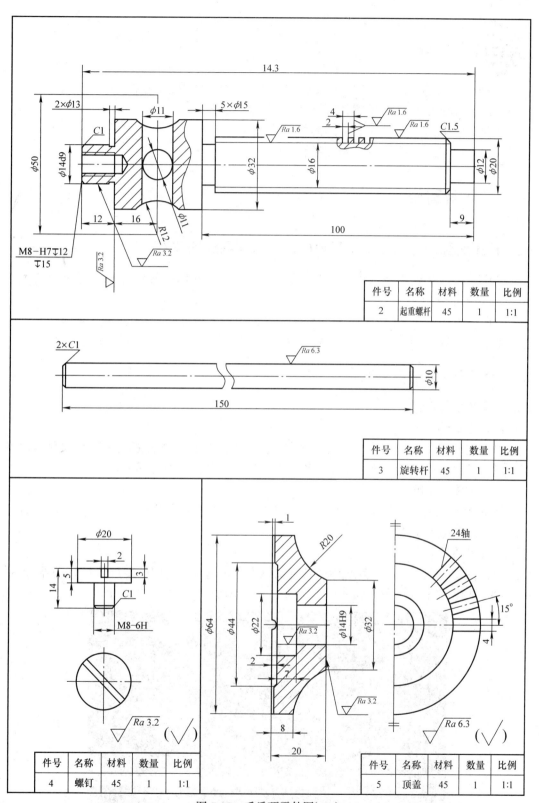

图 7-32 千斤顶零件图(二)

任务目标

（1）进一步巩固 AutoCAD 常用命令在绘图过程中的使用。
（2）加深对图块概念的理解，掌握块的两种定义方法。
（3）巩固用块插入法绘制装配图的方法。
（4）进一步巩固装配图的绘制方法和步骤。

任务实施

2.1 根据装配示意图分析千斤顶的工作原理和连接关系

千斤顶是顶起重物的部件，使用时只需沿逆时针方向转动旋转杆 3，起重螺杆 2 就向上移动，并将重物顶起。

千斤顶由底座 1 支撑，底座 1 与起重螺杆 2 之间采用螺纹连接，顶盖 5 通过螺钉 4 与起重螺杆 2 连接，旋转杆 3 穿过起重螺杆 2 的 $\phi 11$ 的孔，旋转杆 3 是动力的输入件。

2.2 绘制千斤顶的零件图

2.2.1 设置绘图环境

1. 新建图形文件

单击文件管理工具栏中的"新建"图标 （或单击"控制"图标 ，并选择"文件"→"新建"命令），新建一个图形文件，在文件名右侧的"打开"选项卡中选择公制。

2. 设置图形界限

根据图形大小选用 A4 图纸，竖放。在命令窗口中输入 limits ↙，将左下角点设为（0,0），右上角点设为（210,297）。

3. 设置图层

单击图层工具栏中的"图层特性管理器"图标 ，系统将打开"图层特性管理器"对话框，单击"新建"图标 ，建立如图 7-33 所示的五个图层。

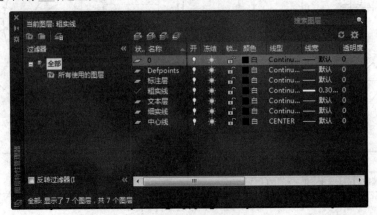

图 7-33　图层设置

4.设置文字样式、标注样式

参见项目 2 中的任务 3 和任务 4。

2.2.2 设置图幅

1.绘制竖放 A4 图幅的外边框

将"细实线"层设为当前层,单击绘图工具栏中的"矩形"图标□,命令窗口提示如下。

命令:_rectang ✓

指定第一个角点或 [倒角 (C)/ 标高 (E)/ 圆角 (F)/ 厚度 (T)/ 宽度 (W)]: 0,0 ✓(输入矩形第一个角点的坐标值)

指定另一个角点或 [面积 (A)/ 尺寸 (D)/ 旋转 (R)]: @210,297 ✓(输入矩形另一个角点的坐标值)

即完成图幅外边框的绘制。

2.绘制竖放 A4 图幅的内边框

将"粗实线"层设为当前层,单击绘图工具栏中的"矩形"图标□,命令窗口提示如下。

命令:_rectang ✓

指定第一个角点或 [倒角 (C)/ 标高 (E)/ 圆角 (F)/ 厚度 (T)/ 宽度 (W)]: 10,10 ✓(输入矩形第一个角点的坐标值)

指定另一个角点或 [面积 (A)/ 尺寸 (D)/ 旋转 (R)]: @190,277 ✓(输入矩形另一个角点的坐标值)

即完成图幅内边框的绘制,如图 7-34(a)所示。

3.绘制标题栏

可参阅项目 2 中的任务 5 绘制图 7-30 所示的标题栏。如果已将标题栏定义成外部块,可直接调入。完成后的图形如图 7-34(b)所示。

(a)   (b)

图 7-34 绘制图幅和标题栏

4.保存文件

单击标题栏最左侧的文件"控制"图标，然后从下拉工具菜单中选择图标 保存,或单击工具栏中的"保存"图标，在弹出的"图形另存为"对话框中确定存盘地址并输入文件名。

2.2.3 绘制底座的零件图

由于装配图中只用到了主视图,因此只需绘制主视图即可满足装配的需要。

1.绘制底座的中心线

将"中心线"层设为当前层,用"直线"命令绘制底座的中心线,如图 7-35 所示。

2. 绘制底座的主视图

将"粗实线"层设为当前层,用"直线""构造线""倒角""圆角""修剪""延伸""剖面线"等命令完成底座主视图的绘制,如图 7-35 所示。

3. 将画完的底座定义成外部块

在命令窗口中输入"W",按 Enter 键,弹出"写块"对话框,在"源"组框中选择"对象"选项,如图 7-36 所示。

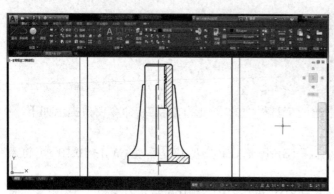

图 7-35 底座的零件图

图 7-36 "写块"对话框

单击"选择对象"图标，"写块"对话框消失,进入绘图界面,选择要存为外部块的对象,选择完毕后单击鼠标右键或按 Enter 键，"写块"对话框重新出现。

单击"拾取点"图标，"写块"对话框消失,进入绘图界面,指定图 7-37 中的 A 点为插入的"基点"，"写块"对话框重新出现。可以在"文件名和路径"列表框中自行选择块的存盘路径,文件名为"千斤顶底座",单击图 7-38 中的"确定"按钮,完成写块操作。

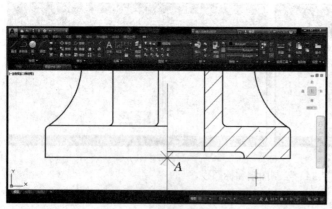

图 7-37 外部块的插入点

图 7-38 "写块"对话框

2.2.4 绘制起重螺杆的零件图

1. 绘制起重螺杆的定位线

将"中心线"层设为当前层,利用"直线"命令绘制起重螺杆的径向对称线和轴向定位线。

2. 绘制起重螺杆的零件图

将"粗实线"层设为当前层,用"直线""构造线""倒角""圆""修剪"等命令完成起重螺杆主视图上半部分的绘制,然后用"镜像"和"剖面线"命令完成起重螺杆零件图的绘制,如图 7-39 所示。

3. 将起重螺杆定义成外部块

指定图 7-39 中的 B 点为插入的"基点",可自行选择块的存盘路径,文件名为"千斤顶起重螺杆"。

2.2.5　绘制旋转杆的零件图

1. 绘制旋转杆的中心线

将"中心线"层设为当前层,用"直线"命令绘制旋转杆的中心线。

2. 绘制旋转杆的零件图

将"粗实线"层设为当前层,用"直线""构造线""倒角""修剪"等命令完成旋转杆主视图上半部分的绘制,然后用"镜像"命令完成旋转杆零件图的绘制,如图 7-40 所示。

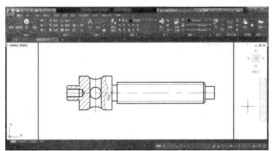 

图 7-39　起重螺杆的零件图　　　　　图 7-40　旋转杆的零件图

3. 将旋转杆定义成外部块

指定图 7-40 中的 C 点为插入的"基点",可自行选择块的存盘路径,文件名为"千斤顶旋转杆"。

2.2.6　螺钉的零件图

1. 绘制螺钉的中心线

将"中心线"层设为当前层,用"直线"命令绘制螺钉的中心线。

2. 绘制螺钉的零件图

将"粗实线"层设为当前层,用"直线""构造线""倒角""修剪"等命令完成螺钉主视图左半部分的绘制,然后用"镜像"命令完成螺钉零件图的绘制,如图 7-41 所示。

3. 将螺钉定义成外部块

指定图 7-41 中的 D 点为插入的"基点",可自行选择块的存盘路径,文件名为"千斤顶螺钉"。

2.2.7　绘制顶盖的零件图

由于装配图中只用到了主视图,因此只需绘制主视图即可满足装配的需要。

1. 绘制顶盖的对称线

将"中心线"层设为当前层,用"直线"命令绘制顶盖的对称线。

2.绘制顶盖的零件图

将"粗实线"层设为当前层,用"直线""构造线""圆弧""修剪"等命令完成顶盖主视图左半部分的绘制,然后用"镜像"命令完成顶盖零件图的绘制,最后用"图案填充"命令绘制剖面线,如图 7-42 所示。

3.将顶盖定义成外部块

指定图 7-42 中的 E 点为插入的"基点",可自行选择块的存盘路径,文件名为"千斤顶顶盖"。

至此即完成千斤顶五个零件的图样绘制,并分别定义成了外部块。

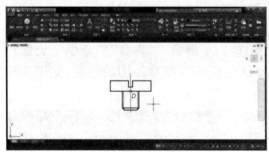
图 7-41 螺钉的零件图

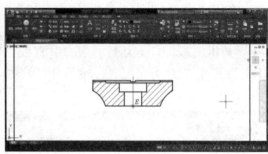
图 7-42 顶盖的零件图

2.3 根据零件图拼画装配图

2.3.1 将底座插入已经绘制的图幅中

单击"插入"下拉菜单中的"块"图标 ,弹出"插入"对话框,在对话框中单击"浏览"按钮 浏览(B)... ,弹出"选择图形文件"对话框,如图 7-43 所示。在该对话框中选择要插入的图形文件"千斤顶底座",单击"打开"按钮 打开(O) ,返回"插入"对话框,然后单击"确定"按钮 确定 ,将"千斤顶底座"插入图中合适位置,如图 7-44 所示。

图 7-43 "选择图形文件"对话框

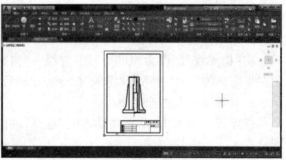
图 7-44 插入底座

2.3.2 插入起重螺杆

(1)用"缩放"命令将底座图放大,以便准确地捕捉插入点。

（2）单击"插入"下拉菜单中的"块"图标，弹出"插入"对话框，在对话框中单击"浏览"按钮，弹出"选择图形文件"对话框，在该对话框中选择要插入的图形文件"千斤顶起重螺杆"，单击"打开"按钮，返回"插入"对话框，然后单击"确定"按钮，将"千斤顶起重螺杆"插入图中合适位置，如图 7-45 所示。

（3）分解起重螺杆。单击"分解"图标，按提示拾取起重螺杆，将其分解。

（4）修剪被遮挡的线条。用"修剪""延伸""特性修改"及"删除"等命令修剪起重螺杆和底座上被遮挡的线条，并对螺纹旋合部分进行必要的处理，如图 7-46 所示。

注意：用块插入法拼画装配图时，为使相关零件定位准确，创建块时一定要合理选择"基准点"，插入块时必须利用捕捉功能准确定位；另外，如果在插入过程中发现有多线、少线的情况，要及时修改、补画或删除图线。

图 7-45　插入起重螺杆

图 7-46　修剪被遮挡的线条后的图形

2.3.3　插入顶盖

（1）用"缩放"命令将起重螺杆的顶部放大，以便准确地捕捉插入点。

（2）用块插入法将"千斤顶顶盖"插入图中的合适位置。

（3）单击"分解"图标，按提示拾取顶盖，将其分解。

（4）用"修剪"及"删除"等命令修剪起重螺杆和顶盖上被遮挡的线条，如图 7-47 所示。

2.3.4　插入螺钉

（1）用"缩放"命令将起重螺杆的顶部放大，以便准确地捕捉插入点。

（2）用块插入法将"千斤顶螺钉"插入图中合适位置。

（3）单击"分解"图标，按提示拾取螺钉，将其分解。

（4）用"打断"及"删除"等命令修剪起重螺杆和顶盖上被遮挡的线条，如图 7-48 所示。

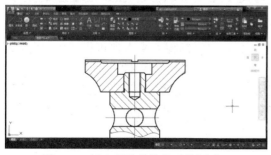

图 7-47　插入顶盖并修剪后的图形

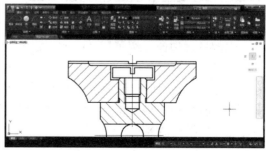

图 7-48　插入螺钉并修剪后的图形

2.3.5　插入旋转杆

（1）用"缩放"命令将起重螺杆的顶部放大，以便准确地捕捉插入点。

（2）用块插入法将"千斤顶旋转杆"插入图中的合适位置。

（3）单击"分解"图标，按提示拾取旋转杆，将其分解。

（4）用"修剪"及"删除"等命令修剪起重螺杆和旋转杆上被遮挡的线条，如图7-49所示。

2.3.6　标注序号

用"引线"命令标注序号，如图7-50所示。

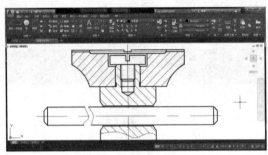

图 7-49　插入旋转杆并修剪后的图形　　　　图 7-50　标注序号

2.3.7　绘制和填写明细表并存盘

用"直线""偏移""修剪"和"删除"等命令绘制明细表，并用"文字"命令完成明细表的填写，如图7-51所示。

仔细检查图形，确认图形无误后，单击"视图"下拉菜单中的"缩放"→"全部"命令，使全图布满屏幕，如图7-52所示。

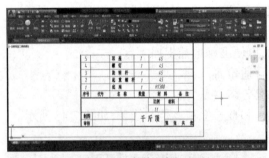
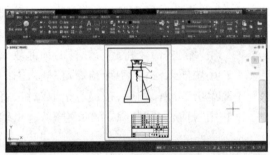

图 7-51　明细表　　　　　　　　　　图 7-52　千斤顶装配图

本例较详细地介绍了用 AutoCAD 绘制装配图的完整过程。由本例可以看出，插入基点的选择十分重要，直接关系到安装的准确性和方便性。因此，将零件定义为图块时，要充分考虑零件拼装时的定位需要。另外，有时图块拼装后不符合制图标准对装配图画法的要求，需要编辑一些图素（如本例中的螺纹旋合部分）。因此，必须先将定义好的图块分解，然后才能使用编辑命令。

任务拓展

用 A4 图幅,按 1∶1 的比例绘制螺栓连接装配图(全剖的主视图)。

已知:上板厚 40 mm,下板厚 50 mm,通孔尺寸为 ϕ33 mm,上下两板用 M30 的六角头螺栓连接。选用如下螺纹紧固件:螺栓 GB/T 5782—2016 M30×130;垫圈 GB/T 97.1—2002 30;螺母 GB/T 6170—2015 M30。

思考与练习

一、思考题

(1)用 AutoCAD 2018 绘制装配图有几种方法?

(2)"Block"和"Wblock"命令有什么区别?

(3)用块插入法绘制装配图时应该注意哪些问题?

二、练习题

(1)根据定位器装配示意图(题图 7-1)和零件图(题图 7-2、题图 7-3)绘制其装配图,比例为 1∶1,标注必要的尺寸,编写零件序号,填写明细表和标题栏。

(2)根据截止阀的装配示意图(题图 7-4)、轴测剖视图(题图 7-5)和零件图(题图 7-6~题图 7-10)绘制其装配图,比例为 1∶1,标注必要的尺寸,编写零件序号,填写明细表和标题栏。

说明:截止阀是一种控制液体流量的调节阀。转动手轮,通过阀杆上下移动,可以关闭通道或调节流量的大小。

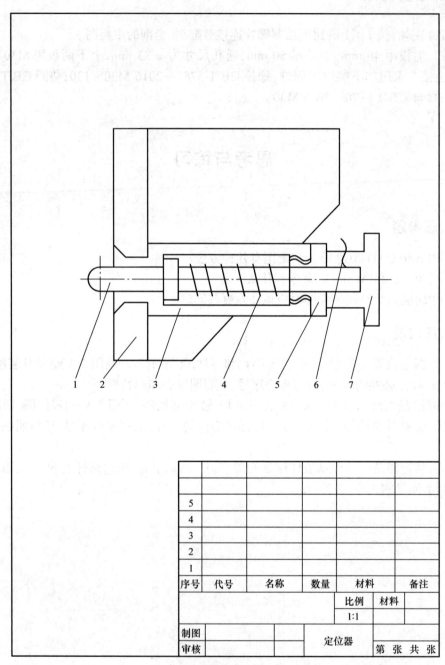

5					
4					
3					
2					
1					
序号	代号	名称	数量	材料	备注

			比例	材料	
			1:1		
制图			定位器		
审核				第 张 共 张	

题图 7-1

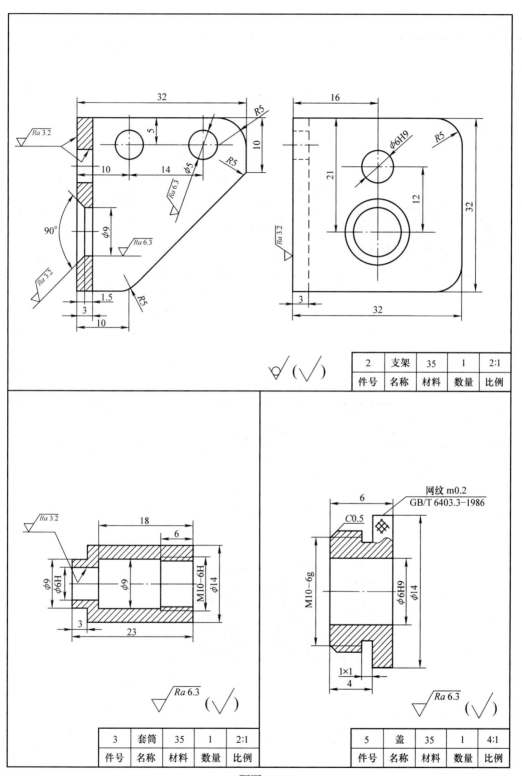

2	支架	35	1	2:1
件号	名称	材料	数量	比例

3	套筒	35	1	2:1
件号	名称	材料	数量	比例

5	盖	35	1	4:1
件号	名称	材料	数量	比例

题图 7-2

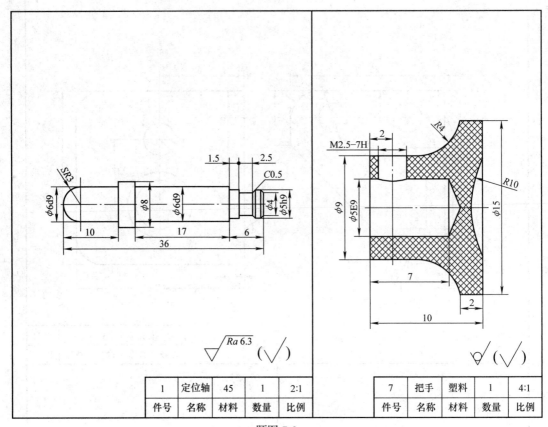

1	定位轴	45	1	2:1
件号	名称	材料	数量	比例

7	把手	塑料	1	4:1
件号	名称	材料	数量	比例

题图 7-3

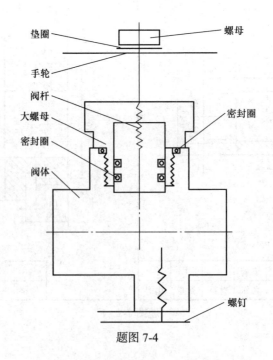

题图 7-4

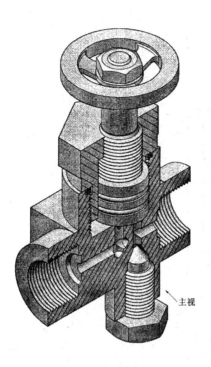

主视

名称	数量	规定标记
螺母	1	螺母 GB/T 6170—2015 M12
垫圈	1	垫圈 GB/T 97.1—2002 12
密封圈	2	密封圈 40×3　GB/T 3452.1—2005
密封圈	1	密封圈 22×4　GB/T 3452.1—2005

题图 7-5

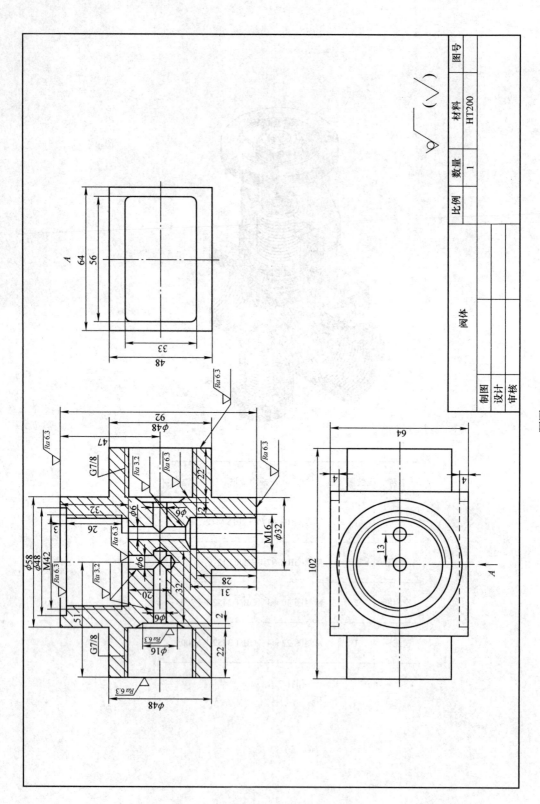

题图 7-6

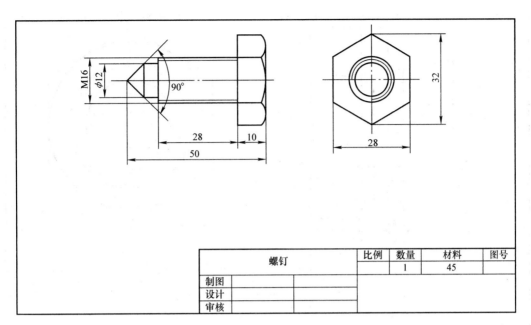

螺钉		比例	数量	材料	图号
			1	45	
制图					
设计					
审核					

题图 7-7

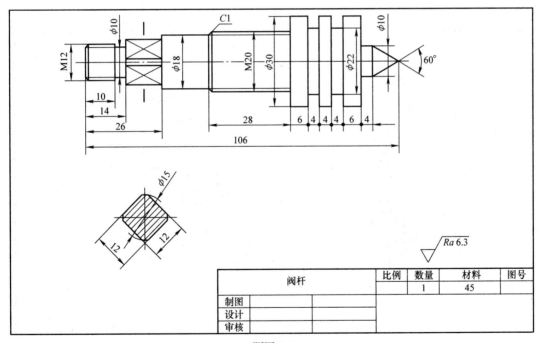

阀杆		比例	数量	材料	图号
			1	45	
制图					
设计					
审核					

题图 7-8

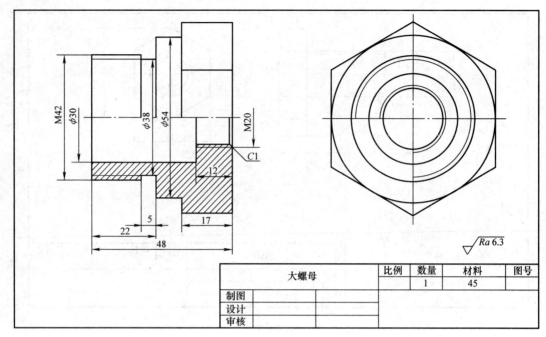

题图 7-9

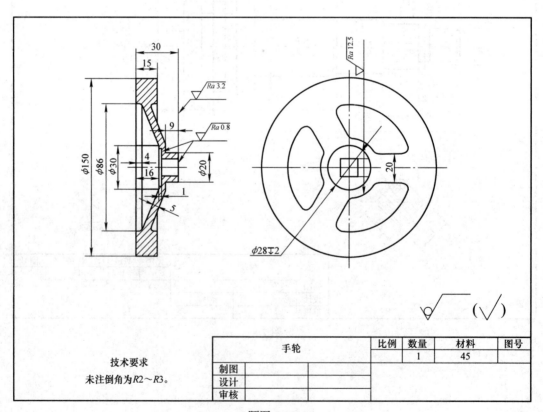

技术要求
未注倒角为 $R2\sim R3$。

题图 7-10

附　　录

附录 1　AutoCAD 2018 常用命令一览表

常用绘图命令			
命令名	命令缩写	工具图标	用途
LINE	L	直线	绘制直线
XLINE	XL		绘制无限长的线
PLINE	PL		绘制二维多段线
RAY			绘制开始于一点并无限延长的线
ARC	A		绘制圆弧
CIRCLE	C		绘制圆
POLYGON	POL		绘制等边多边形
RECTANG	REC		绘制矩形
ELLIPSE	EL		以指定的中心点绘制椭圆
SPLINE			绘制波浪线
POINT	PO		绘制点
HATCH	H 或 BH		绘制剖面线
常用编辑命令			
ERASE	E		删除图形对象
COPY	CO 或 CP		将对象复制到指定方向的指定距离处
MIRROR	MI		创建选定对象的镜像副本
OFFSET	O		偏移对象(创建同心圆、平行线或等距曲线)

（续）

常用绘图命令			
命令名	命令缩写	工具图标	用途
ARRAY	AR		创建按指定方式排列的多个对象副本
MOVE	M	移动	将对象在指定方向上移动指定距离
ROTATE	RO		绕基点旋转对象
SCALE	SC		放大或缩小选定的对象
STRETCH	S		移动或拉伸对象
LENGTHEN	LEN		修改对象的长度和圆弧的包含角
TRIM	TR		修剪对象
EXTEND	EX		延伸对象到另一个目标对象
BREAK	BR		打断选定的对象
CHAMFER	CHA	倒角	给对象加倒角
FILLET	F	圆角	给对象加圆角
EXPLODE	X		将复合对象分解成为单个对象
常用注释命令			
DIMLINEAR	DLI	线性	标注线性尺寸
DIMALIGNED	DAL	对齐	对齐线性标注
DIMANGULAR		角度	标注角度尺寸
DIMARC		弧长	标注弧长
DIMRADIUS	DRA	半径	标注半径
DIMDIAMETER	DDI	直径	标注直径
DIMBASELINE	DBA		基线标注

（续）

常用绘图命令			
命令名	命令缩写	工具图标	用途
DIMCONTINUE	DCO		连续标注
DIMJOGGED	DJO	折弯	折弯标注
DIMORDINATE		坐标	坐标标注
MLEADER		多重引线	引线标注
MTEXT、DTEXT	MT、DT	A	创建多行或单行文字
STYLE			创建、修改和指定文字样式
DIMSTYLE			创建和修改标注样式
MLEADERSTYLE			创建和修改多重引线标注样式
常用块操作命令			
BLOCK	B	创建	将选定的对象创建成块
WBLOCK	W		将选定的对象创建成块文件
INSERT	I	插入	在图形中插入块
常用缩放命令			
PEN	P	平移	在当前视口中移动视图
ZOOM	Z	范围	放大或缩小当前显示图形的范围
REDRAW	R		刷新图形
REGEN	RE		从图形数据库中重生成整个图形
REGENALL	REA		重生成图形并刷新所有视口
常用查询命令			
DISTANCE	DI	距离	测量两点之间或多段线上的距离
RADIUS		半径	测量圆或圆弧的半径

（续）

常用绘图命令			
命令名	命令缩写	工具图标	用途
ANGLE		角度	测量角度
AREA	AA	面积	测量面积

附录 2　AutoCAD 2018 常用快捷键

快捷键	功能	快捷键	功能
Ctrl+A	打开 / 关闭编组选择	Ctrl+1	打开 / 关闭对象特性管理器
Ctrl+B	开 / 关捕捉功能	Ctrl+2	打开 / 关闭设计中心
Ctrl+C	取消当前命令	Ctrl+3	打开 / 关闭工具选项板
Ctrl+D	切换坐标显示	F1	显示帮助
Ctrl+E	在等轴测平面之间循环	F2	打开 / 关闭文本窗口
Ctrl+F	切换执行对象捕捉	F3	切换自动对象捕捉
Ctrl+G	切换栅格	F4	切换数字化仪模式
Ctrl+J	执行上一个命令	F5	切换等轴测平面
Ctrl+M	重复上一个命令	F6	切换坐标显示方式
Ctrl+O	切换正交模式	F7	切换栅格模式
Ctrl+T	切换数字化仪模式	F8	切换正交模式
Ctrl+V	在布局视图之间循环	F9	切换捕捉模式
Ctrl+X	取消当前窗口	F10	打开 / 关闭极轴追踪
Ctrl+\	取消当前命令	F11	打开 / 关闭对象捕捉追踪

附录 3　特殊字符输入法

特殊字符	特殊字符代码
特殊字符"ϕ"	%%c
特殊字符"°"	%%d
特殊字符"±"	%%p

附录4 国家职业技能鉴定统一考试中级制图员 《计算机绘图》测试试题

一、考试要求(10 分)

1. 设置 A3 图幅,用粗实线画出边框(400 mm × 277 mm),按尺寸在右下角绘制标题栏,在对应框内填写姓名和考号,字高为 7 mm。

	165		
15	25	15	
成绩		阅卷	
姓名		考号	

2. 尺寸标注按图中格式。尺寸参数:字高为 3.5 mm,箭头长度为 4 mm,尺寸界限延伸长度为 2 mm,其余参数使用系统缺省配置。

3. 分层绘图。层名、颜色、线型要求如下。

层名	颜色	线型	用途
0	黑 / 白	实线	粗实线
1	红	点画线	中心线
2	洋红	虚线	虚线
3	绿	实线	细实线
4	黄	实线	尺寸
5	蓝	实线	文字

其余参数使用系统缺省配置。需要另外建立的图层,考生自行设置。

4. 在图幅内绘制本试卷的全部图形,存盘前使图框布满屏幕,存盘时文件名采用考号。

二、按所标注尺寸绘制下图,并标注尺寸(20 分)

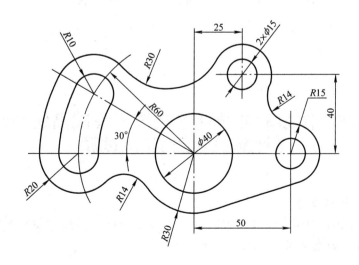

三、按所标注尺寸抄画主、左视图,补画俯视图(不标注尺寸)(30分)

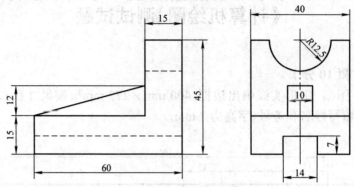

四、按所标注尺寸抄画零件图,并标全尺寸和粗糙度(40分)

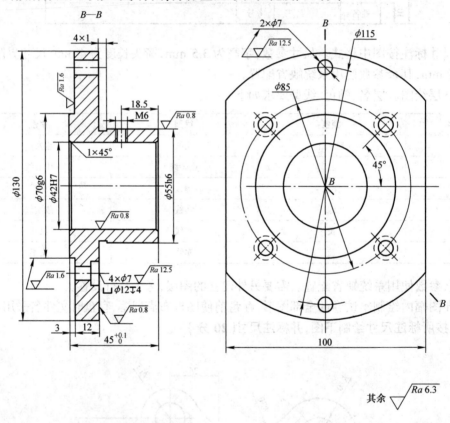

附录5　国家职业技能鉴定统一考试高级制图员
《计算机绘图》测试试题

一、考试要求(10分)

1.设置A3图幅,用粗实线画出边框(400mm×277mm),按尺寸在右下角绘制标题栏,在对应的框内填写姓名和考号,字高为7mm。

2.尺寸标注按图中格式。尺寸参数:字高为 3.5 mm,箭头长度为 2 mm,尺寸界线延伸长度为 1 mm,其余参数使用系统缺省设置。

3.分层绘图。层名、颜色、线型要求如下。

层名	颜色	线型	用途
0	黑白	实线	粗实线
1	红	实线	细实线
2	洋红	虚线	虚线
3	紫	点画线	中心线
4	蓝	实线	尺寸标注
5	蓝	实线	文字

其余参数使用系统缺省设置。需要另外建立的图层,考生自行设置。

4.将所有图形存在一个文件中,均匀布置在边框内。存盘前使图框充满屏幕,文件名采用考号。

二、按所标注尺寸 1∶1 绘制图形,并标注尺寸(25 分)

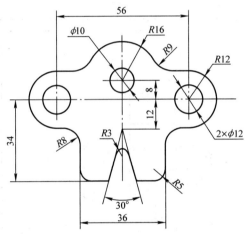

三、按图中所注尺寸 1∶1 抄画 1 号件支架的零件图,并标全尺寸和表面粗糙度(25 分)

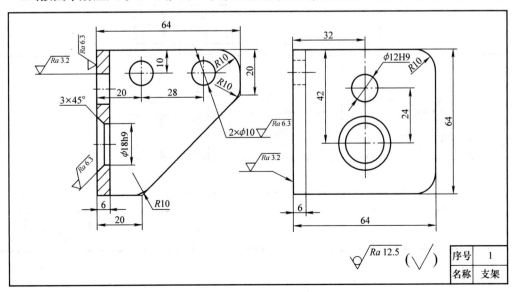

四、根据给出的零件图绘制定位器的装配图，比例 1∶1（40 分）

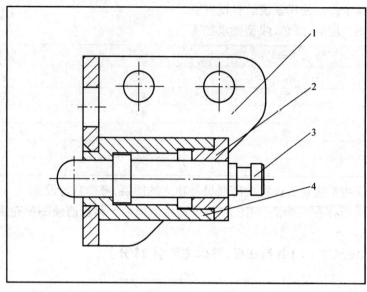

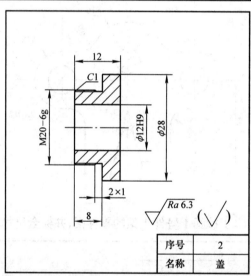

序号	2
名称	盖

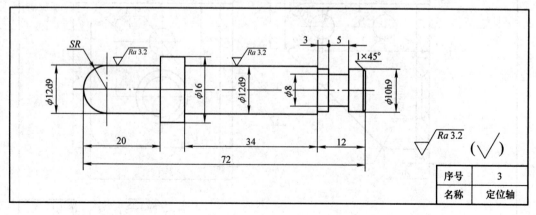

序号	3
名称	定位轴

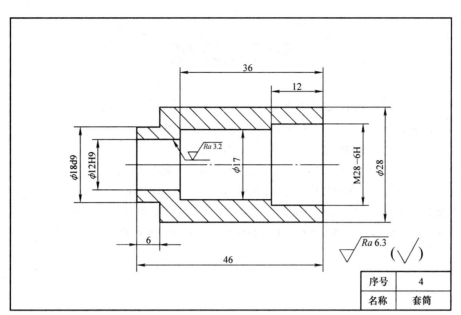

序号	4
名称	套筒

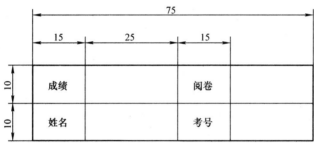

参考文献

[1] 武海滨，胡建生 . AutoCAD 2004 实训教程 [M]. 北京：化学工业出版社，2008.

[2] 陈静 . AutoCAD 2008 机械绘图 [M]. 北京：冶金工业出版社，2008.

[3] 陈锦昌，刘林 . 机械制图 [M]. 北京：高等教育出版社，2010.

[4] 唐克中，朱同钧 . 画法几何及工程制图 [M]. 北京：高等教育出版社，2002.

[5] 赵近谊，廖翠姣 . AutoCAD 2006 应用教程 [M]. 北京：科学出版社，2007.

[6] 欧阳全会 . AutoCAD 机械绘图基础教程与实训 [M]. 北京：北京大学出版社，2008.

[7] 杜洪香，陈红康 . AutoCAD 2010 教程与实训 [M]. 天津：天津大学出版社，2013.